奋斗者的脚步

——中国石油计算机应用与信息化建设历程

陈建新　梁国林◎主编

石油工业出版社

内 容 提 要

本书记述了中国石油计算机应用与信息化技术的发展历程，共分为上、中、下三个篇章。从新中国研制生产的第一批103型电子计算机，到"银河"巨型计算机；从研制150数列处理机到并行机全三维资料处理；从大规模PC机群到GPU/CPU异构处理系统时代，从石油勘探开发数据库到实现信息化建设的跨越，广大科技人员依靠先进计算机装备与技术，更加快速、更加精准地获得地下成像，对勘探目标进行更加深入的分析。

本书适合广大石油科技工作者参考使用。

图书在版编目（CIP）数据

奋斗者的脚步：中国石油计算机应用与信息化建设历程/陈建新，梁国林主编. -- 北京：石油工业出版社，2021.11

ISBN 978-7-5183-4991-3

Ⅰ.①奋… Ⅱ.①陈… ②梁… Ⅲ.①电子计算机—应用—石油工业—中国 Ⅳ.①TE-39

中国版本图书馆CIP数据核字（2021）第221540号

奋斗者的脚步：中国石油计算机应用与信息化建设历程
陈建新　梁国林　主编

出版发行：石油工业出版社
　　　　（北京安定门外安华里2区1号楼 100011）
网　　址：www.petropub.com
编 辑 部：（010）64523736　图书营销中心：（010）64523633
经　　销：全国新华书店
印　　刷：北京中石油彩色印刷有限责任公司

2021年11月第1版　　2021年11月第1次印刷
710×1000毫米　开本：1/16　印张：13.5
字数：200千字

定　价：120.00元
（如出现印装质量问题，我社图书营销中心负责调换）
版权所有，翻印必究

《奋斗者的脚步：中国石油计算机应用与信息化建设历程》

编委会

主　编：陈建新　梁国林

副主编：王冬梅　李维建　王克斌　徐传义

编　委：连　彬　曹艳萍　王紫行　张红杰
　　　　帅　威　龚　莉

序
PREFACE

  石油工业是与信息技术紧密联系、不可分割的行业之一，从事石油工作的人，几乎时时、事事都在与信息技术打交道。石油行业内家喻户晓的一句名言："石油工作者的岗位在地下，斗争的对象是油层。"人不能真正进入地下，而对地下情况的认识、描述、掌握、改造，都要通过信息技术手段间接实现。用原石油工业部主管科技的副部长李天相的话说："石油勘探，寻找储量，年年投入大量的工作量，得到的产品是储量信息，所以说到底，就是用人民币换信息！"以此引申，油气田开发也就是通过一系列巨大的工作量，把地下的静态信息转换成实实在在的油气物质产品，这个转换过程，一刻也离不开信息的采集、传输、转化、集成。明白此中真谛，数十年来，伴随着石油工业的大发展，在计算机应用与信息化领域中拓荒进取、拼搏奉献、默默耕耘的石油人们，尤其值得敬佩。

  1978年全国科学大会后，我奉调北京石油工业部科技司，曾听过老司长沈晨讲述当年石油工业部和北京大学、四机部等单位共同研制、应用103型计算机和150型计算机的情况。后来在石油工业部与国防科技大学联合研制银河地震数据处理系统时，对陈建新同志及一批从事科技信息研究与应用的工作人员有了较多的接触和了解。银河地震数据处理系统的鉴定验收大会，是我多年科技生涯中难得的一次高规格盛会，来了两位国务委员、部长和多名将军级别的领导。宋健、康世恩在大会上听取了成果报告。后来，经石油工业部领导批准，陈建新同志调到了科技司，负责中国石油系统的计算机与信息化工作。在这一岗位上，我们相互支持、密切配合，以一个共同的目标——共商、共建、共享信息系统，彼此鼓励。多年来，共同经历了收获成功的喜悦，也有过困惑，但我们不放弃、不懈怠，将中国石油信息化工作持续快速地向前推进。

关于这本书，这样珍贵的史料，这样深刻生动的励志教材，我总觉得如果不把它写下来传于后世，那终将淹没在历史的尘埃中，实在太可惜了。所以经过多次动议、督促，该书终于得以出版。在书中，读者可以看到，150型计算机攻关，应外交部要求拿出北部湾"争气剖面"等事件，都是非常感人的。在信息化与科技工作领域，什么叫"没有条件，创造条件也要上"的大庆精神铁人精神，这里做了最好的诠释。历史事实昭示世人：中国人、石油人、信息人是有志气、有骨气、有能力的；洋人能干的，我们只要横下心来，都能办到、干好。

信息化是一个漫长的过程，起始的创新者往往不一定能看到收获的成果，但没有起始迈出的一步，就没有后面的康庄大道。所以信息化工作者确实要有"工作有我，功成不必在我"的精神境界，奋不顾身地投入，开创新局面。

积多年在科技管理岗位参与信息化工作的体会，我深知各级领导者的责任担当。信息化是新事物，有时花点学费是不可避免的，所以要时刻保持清醒，多谋善断，积极推进新的开创性事业。大庆油田的深刻经验启示我们，不要犯全局性的错误，不要犯不可改正的错误，要持续学习、深入思考、积极推进、不断纠偏，争取事半功倍，达成目标。

原石油工业部科技司副司长，原中国石油天然气总公司科技局局长

蒋其垲

2019年5月25日

前 言
FOREWORD

　　科学技术的迅猛发展，尤其是计算机技术的发展，已经渗透到人类社会工作和生活的各个方面，石油勘探开发领域更是如此。今天展现在您面前的这本书，就是一部记录我国石油勘探领域计算机应用与发展，数字化、信息化从起步到壮大的发展简史。

　　随着人类对石油资源的不断开发，计算机与信息技术在石油勘探中的应用越来越占据举足轻重的地位。本书共分为上、中、下三个篇章，记述了中国石油计算机应用与信息技术从无到有的发展历程。从新中国研制生产的第一批103型电子计算机到"银河"巨型计算机，从研制150数列处理机到并行机全三维地震资料处理，从大规模PC机群到GPU/CPU异构处理系统时代，从石油勘探开发数据库到实现信息化建设的跨越，广大石油科技人员依靠先进计算机装备与技术，更加快速、更加精准地获得地下图像，对勘探目标进行更加深入的分析，为我国一批又一批油气田的发现做出了巨大贡献。

　　科技的发展是推动生产方式变革的根本动力。广大石油勘探科技工作者多年以来对计算机与信息技术的不懈追求探索，既在履行找油找气责任，也在创新装备与技术发展方面做出突出贡献，为提升市场竞争实力、推进企业高质量发展发挥重要作用。本书所记述的事件、事迹，展现了广大石油科技人员艰苦创业、勇于创新的精神与风采，印证了广大石油科技人员忠诚担当、知识报国的可贵品质。可以说，石油勘探计算机技术与信息化的发展历史，就是一部艰苦奋斗的石油科技创业史，一部自强自立的石油技术创新史，一部科技引领的石油勘探发展史。

铭记历史是为了照亮未来。本书的出版，旨在弘扬石油物探科技工作者为民族加油争气的爱国主义精神，启迪激励后人不忘初心、牢记使命，传承精神，继续前行，为我国的石油勘探事业做出新时代的应有贡献。在本书的编辑出版过程中，由于主要是根据中国石油集团东方地球物理勘探有限责任公司、原石油工业部、原中国石油天然气总公司计算机技术和信息化的发展，采取口述采访的方式记录那段奋斗的岁月，书中涉及的人与事主要是以反映当时的事件为目的，加之本书内容时间跨度长，涉及面广，档案资料缺乏，加上笔者水平有限，难免有疏漏和不完整的地方，敬请广大读者见谅。

科技创新永无止境。正是一代又一代石油物探科技工作者的创新与积累，才使得石油勘探计算机技术和信息化应用的快速发展，才构筑起今天的石油物探科技大厦。愿它在经济全球化、信息化的时代大潮中，更加坚牢耸立，支撑我国石油工业发展迈向更加美好的明天。

在本书编写过程中，孙强南、方信我、张兴华、范祯祥提供了重要的资料，管忠、王宏琳、张效陶、马洵、郭军、金煜明、赵世发等同志对本书有关章节进行了补充和修改，同时也得到一些同志的支持和帮助，在此谨向他们表示衷心的感谢。特别要感谢蒋其垲同志为本书提出的指导性意见，并为本书作序。

最后，真诚地感谢常德双及中国石油集团东方地球物理勘探有限责任公司有关同志为本书出版给予的支持和帮助。

本书编委会

2020 年 10 月

目 录
CONTENTS

上篇　国产计算机应用历程

- **大庆石油会战　信息化的星星之火** 003
  - 背景 003
  - 金丝银丝绕油田　一片丹心为会战 007
  - 引进103型计算机　开启油田开发应用先河 011
  - 改换配件　把103型计算机的潜力发挥到极致 016
  - 设计软件　在摸索中辗转前进 018
  - 投入开发　在应用中凸显威力 019
  - 自主设计　培育信息人才的摇篮 022
  - 大庆精神　终身珍藏呵护的烙印 023

- **150计算机　自力更生的产物** ... 026
  - 背景 ... 026
  - 辗转两地　波折中诞生的总体设计 ... 028
  - 扎根北京大学昌平校区　多方携手完成研制 ... 030
  - 知耻后勇　开创数字处理新时代 ... 038
  - 争分夺秒　"争气剖面"为国填补空白 ... 042
  - 叠加偏移　数字处理上台阶 ... 046
  - 任丘会战　150计算机一直在前进 ... 047
  - 引进雷森　开展数字处理会战 ... 048
  - 不断进取　150计算机地震数据处理系统挑大梁 ... 053
  - 锦上添花　150-AP再创辉煌 ... 054

- **银河工程　创新与超越** ... 063
  - 背景 ... 063
  - 齐心协力　共创"826"工程 ... 065
  - 团队建设　赴法学习深造 ... 070
  - 不惧困难　攻克技术难关 ... 072
  - 振奋人心　通过国家级鉴定 ... 082
  - 成就喜人　再获国家级奖 ... 089

中篇　国内地震数据处理能力发展历程

- **开启三维地震数据处理时代　大型计算机**..095

    背景..095

    提升能力　引进 IBM3033 地震数据处理系统..096

    奋起直追　开启三维地震数据处理时代..098

    争分夺秒　挑灯夜战卸货忙..099

    主动作为　充分提高大型计算机的利用率..100

    自主创新　银河亿次机助力三维地震数据处理..103

    综合施策　IBM 计算机系统联合体尽显潜力...104

    发挥优势　生产任务连传捷报..107

    突破封锁　征服机房禁区"黑屋子"..108

    集成创新　新装备持续提升三维地震数据处理规模..................................109

- **突破全三维地震数据处理技术瓶颈　并行机**..111

    背景..111

    突破封锁　首次在海外建立处理中心..112

    SP2 落户　全三维地震数据处理实现工业化应用..112

填补空白　突破全三维地震数据处理关键技术 116

进军国际　海外建立多个处理解释分中心 117

中西合璧　合力提升地震数据处理技术能力 118

战胜"千年虫"　计算机系统实现安全过渡 120

● 进入叠前时间偏移时代　PC机群 121

背景 121

安全高效　研究院计算机房整体搬迁 123

差异化突围　在国内率先引进640COU大规模PC机群 128

"非典"献策　积极推广叠前时间偏移技术创新 130

西方禁售　东方物探宣布自主研发GeoEast 131

强力推动　三大连片三维叠前时间偏移处理示范项目卓有成效 133

成效显著　新增大规模PC机群助力叠前时间偏移技术常规化 134

产研结合　GeoEast软件初步形成工业化生产能力 136

顺势而为　叠前深度偏移技术攻关取得重要突破 140

● 挑战"两宽一高"海量地震数据处理　GPU/CPU

异构处理系统时代 142

背景 142

战略引领　GeoEast成为东方物探地震数据处理的主导软件 143

逆时偏移　GPU/CPU异构计算机系统投产使用 145

PDO 对标　为百 TB 级海量数据处理项目保驾护航..................147

优化创新　持续提升"两宽一高"海量数据处理计算机能力...........149

科学组织　优质高效完成科技园计算机设备的搬迁集成.............150

与时俱进　现代 IT 技术提升地震数据处理能力和机房管理效率......152

面向未来　东方物探海量地震数据处理迈入云计算时代.............154

下篇　勘探开发数据库建设历程

● **数据库是怎样炼成的——高举信息资源共享的旗帜：**
 共建、共用、共享..*161*

背景..*161*

接受任务　而今迈步从头越..*163*

总体设计组成立　扬帆起航正当时......................................*166*

项目确认　郑州会议开启建库新篇章....................................*171*

数据库会战　吹尽狂沙始到金..*174*

渐进明细　数据库选型与工程可行性研究确定............................*177*

面对质疑　总体方案在新一轮论证中提高................................*180*

广域网试验　天涯若比邻式的突破......................................*181*

首届大会　从数据库建设迈向信息化建设................................*183*

全面推进　直挂云帆济沧海 185

喜看收获　遍地英雄下夕烟 188

继往开来　石油综合数据库系统启动 192

标准先行　为信息化保驾护航 195

百年芬芳　总结十年锤炼 199

上篇
国产计算机应用历程

大庆石油会战
信息化的星星之火

◎ 背景

中国石油信息化的起源，从大庆开始。

自工业化以来，石油都与经济、政治密切相关。鸦片战争后，中国逐步沦落为了一个半殖民地半封建的落后国家，美孚、亚细亚、德士古三大石油公司迅速进入中国，"洋油"以空前的规模在中国各地倾销，刚刚开始发展起来的民族石油工业处于岌岌可危的境地。新中国成立初，全国石油产量只有12万吨，国家经济建设所需要的石油产品基本依赖进口。毛泽东主席曾语重心长地说："要进行建设，石油是不可缺少的，天上飞的、地上跑的，没有石油都转不动。"要使社会主义建设大踏步向前，要使年轻的共和国尽快强盛起来，就不能没有强大的石油工业。

1959年9月26日，以位于黑龙江省内的松基3井喜喷工业油流为标志，诞生了大庆油田。1963年底，大庆油田结束试验性开发，进入全面开发建设。先后开发了萨尔图、杏树岗和喇嘛甸三大主力油田，以平均每年增产 300 万吨的速度快速上产。以"铁人"王进喜为代表的老一辈石油人，在极其困难的条件下，自力更生、艰苦奋斗，仅用三年时间就建成了中国首个大油田，一举甩掉了我国"贫油"的帽子。

很多人对石油可能并不陌生。从寻找石油到利用石油，大致要经过四个主要环节，即寻找、开采、输送和加工。这四个环节一般又分别称为石油勘探、油田开发、油气集输和石油炼制。其中，石油勘探就是找油的过程，主要的找油方法包括地球物理勘探方法（简称"物探"）和地球化学勘探方法（简称"化探"），其中，物探又可分为重力、磁力、电法和人工地震勘探等。但是地下是否有油，最终要靠钻探来证实。一个国家在勘探技术上的进步程度，往往反映了这个国家石油工业的发展水平。油田开发指用钻井、试油等方法证实或评价地下油气的分布范围和储油规模，确定油井并投入生产后，进而形成一定生产规模的过程。

但是，油田的开发并不是打几口井就能完成的简单事情。在盆地内或一个圈闭上第一口或第一批探井应该打在什么位置，这是要综合分析各类资料以后才能确定的。在 20 世纪中叶，第一口井就打出石油的可能性是非常小的，如果出油也是极其幸运的，就像新疆克拉玛依的黑油山，在地表可以看得见石油涌出，第一号探井就成功见到原油。至于在我国东部第四纪沉积物覆盖区找油田，就不那么容易了，大庆油田的第一口出油井是松基 3 井，说明在此以前至少已有了两口空井；大港油田是在打了近 20 口探井以后才发现的。每打一口井所付出的人力物力都是巨大的。所以，油田的勘探开发，尤其要讲究其经济有效性，只有实现少花钱、多产油，才能实现高采收率。对一个油田的开发来说，讲究其有效性的目标，就是尽可能地延长油田高产稳产期，使得油田最终能采出更多的原油。要达成高采收率且理想的经济效果，是非常不容易实现的目标。油田在开采过程中，其内部油、气、水是不断流动、变化的，这种流变性是其他固体矿藏所不具有的特点。因此，要有效地开发油田，就需要在开发过程中，不断地调整各项措施，以适应地下变化的情况；同时，还要不断地改造油层，使其朝着预定的、有利于开发的方向发展。这是在油田开发过程中需要不断研究和解决的问题。

采用计算机技术参与研究已经迫在眉睫，引入当时国际上先进的计算机呼声日益高涨，正是这种工作的实际需要，促使大庆油田成为中国最早采用计算机技术参与勘探和开发的油田，播下了石油数字化、信息化的种子。大庆，是石油信息化的发源地，是计算机人才培养的摇篮（图 1-1）。

1961 年 5 月，为编制好大庆油田"146"开发方案，石油工业部在北京成立了松辽油田开发工作组（图 1-2），集中了大庆油田、石油工业部石油科学研究院、北京石油学院等八家单位的 85 名技术人员开展研究工作，其中包括一个计算机小组，由此拉开了我国石油信息化大幕。

▲ 图 1-1　大庆油田勘探开发研究院计算室原址（摄于 2007 年）

▼ 图1-2 1962年元旦,北京,谭文彬、董宪章、秦同洛、范元燮、李德生等(前排左起第八人向右)与计算机小组、电模拟小组人员,油田开发工程技术人员合影

松辽油田开发工作组中刚分配到大庆油田的北京石油学院毕业生张景存、凌生才、张世富、石万钊、周贻铭、顾克金和李兆明等 7 人仍留校进修电模拟，李世禄、刁文举、甘瑜光、强维芳、黄文骥、李国治和金煜明等 7 人被指派到中国科学院计算技术研究所进修计算机。这期间，中国科学院计算技术计算所与松辽油田开发工作组合作，开辟了计算机应用于石油工业的先列。鲍信炯（中国科学院计算技术计算所）、庄长松、李国治、金煜明等人利用在油田开发中使用弹性水动力学计算方法，编写出计算程序，利用 104 型电子计算机首次计算了 4000 多个油田开发方案，为大庆萨尔图油田北一区、南一区综合分析对比应用提供了理论根据，并取得了一定效果。为此，1963 年松辽油田开发工作组被邀请派代表参加在陕西省西安市召开的 633 全国计算机会议。金煜明参加会议，并在会上做了计算机首次用于石油勘探开发领域的报告，受到与会代表的广泛好评。与此同时，北京石油学院使用电网模型，利用萨尔图油田北一区和中区资料，进行了 26 个层次的模拟试验，夯实了原有工作基础。1962 年 4 月，松辽油田开发工作组完成任务解散。之后，其中的成员继续进修，计算机小组又增加了田奇；西安石油仪器厂 1018 专题组的陈焕章工程师在该厂开展了弹性电模型机的研制工作。这是我国石油系统最早的计算技术应用，参与进修的这些人成为第一批计算技术骨干。

◎ 金丝银丝绕油田　一片丹心为会战

大庆油田是一个特大型油田，油田成片分布，开发难度大。根据实际情况，技术人员采用了横切割注水的方案进行开发：在两排注水井之间，打三排采油井，以注水保持地层压力，使采油井自喷。

在油田正式开发前，需要先模拟地下情况，以确定开发方案。在有计算机之前，人们尝试过各种模拟方法，其中比较成熟的一种是电模拟。

电模拟的具体做法是用电网模拟地层，电流模拟油井的产量和注水井的水量，电阻模拟地层的阻力，电压模拟地层的压力。模拟完成后，记录下各个节点的参数，再对这些参数进行计算，画出等压图，以确定各个油井的产量和油水界面的位置、形状及流动方向。模拟过程中，还可以通过控制注水井的压力，调控油水界面的形状，减少死油区，提高采收率。

最早的模拟方法是从苏联带回来的。1959年，一位叫郭尚平的学生从苏联留学归来，随身还带着一台电模型测量仪，来到北京石油学院。在这个测量仪的基础上，郭尚平和陈元千建立起一种"水池式电模型"，用水和蜡块为模型模拟开发状况。不久后，陈元千因工作调动离开，陈焕章接替他继续进行水池式电模型的研究。

1960年2月，大庆石油会战期间。陈焕章也投入到会战中，参与油田开发工作。他和同事仿照北京石油学院的水池式电模型，因陋就简地做了一个简单的木质水槽，开始电模拟工作。该模型模拟了行列注水的流动规律，但模型实在太简单，不仅效率很低，准确度也不高，实际效果很不理想。

同年，经大庆油田地质指挥所所长谭文彬授权，由陈焕章带领张景存、凌生才等同志到北京石油学院，利用北京石油学院的电模型工作了一段时间。大庆油田和北京市距离遥远，来往不便，为此大庆建立起自己的模型。

这时，恰好另一位从苏联留学回来的学生操柏，带回来一套苏联 ENC 型电动积分仪的部分资料和学习笔记，基于高节点高精密度的考虑，石油工业部地质勘探仪器厂据此拟出一份《一万节点油田开发电模拟设计任务书》，即计划投入293名技工、40名技术干部，分三个阶段进行研制：第一阶段，在1961年做出100～2000节点；第二阶段，在1962年做出4000节点；第三阶段，在1963年做出6000节点。并正式向石油工业部呈报《一万节点油田开发电模拟计算机初步总体设计方案书》[（61）油仪技字第581号]，时任大庆石油会战总指挥康世恩批示："先100节点实验，并为2000节点实验备料即可，10000节点可待实验成功后再布置。"电模型机分弹性和刚性两种，孰优孰劣没有定论，于是兵分两路：一路由操柏、陈焕章、田绍惠、朱伟华到西安研制弹性电模型；另一路在大庆油田建立自己的刚性电模型。

接到命令后，操柏等四人赴西安石油仪器厂。根据操柏带回的残缺资料，由西安石油仪器厂研制出了一台仿苏联的、由电子管组成的弹性电模型机。这台模型机结构庞大，占地面积约有100平方米。研究时投入了大量人力、物力和财力，耗时三年时间才完成。1965年，该机被运送到大庆油田计算室进行安装。但是，由于模拟节点数太少，只有100个，满足不了实际使用的需要。机器的稳定性也很差，一直无法应用到实际工作中，研究工作终止。

▲ 图1-3　1964年，大庆油田计算室3500节点电模型

1962年9月，凌生才设计了刚性电模型的制作图纸，并开始准备相关模型零部件。电模型的主要部件是电阻箱，电阻箱的底板和底板上的连线委托哈尔滨某加工厂制作和焊接，大庆侧重手工制作电阻元件、绕电阻和装配电阻箱。12月，在北京石油学院参与刚性电模型机的研究人员集体回到大庆，大庆油田成立了专门的电模拟小组，着重研究刚性电模型机。小组组长由田奇担任，后来换成了李莲仙，工程师有操柏、陈焕章，技术人员有凌生才、郑星斋、苏维、张景存、张世富、石万钊、彭彬、徐淑琴、周贻铭、李江城、夏兰馨、曹桂芬、张婉珍、张凤岚、张文学、李朝阳等。

1964年10月，刚性电模型完成制造，计算室大厅赫然挺立起五个大机柜（图1-3）。这个电模型的结构更加庞大和复杂，有3500个节点，每个节点有四个电阻。这14000个电阻的配置全靠人工完成，电阻上缠绕着形态各异的电阻丝，都是大家精心制作出来的，还需要随时根据运行的实际情况进行调整。为了早日完成任务，加工班的成员日夜与电阻为伍，尝试各种加快速度的绕法（图1-4）。张文学创新了一种更高效的绕法，引得

▲ 图 1-4　1964 年，大庆油田计算室电模拟小组成员在绕电阻丝

大家争相学习。这种长时间而枯燥的烦琐的工作，小组成员不以为苦，有时加班到深夜，太困了就起来唱唱歌，边唱歌边干活，仿佛有使不完的力气。当时有句话，叫"金丝银丝绕油田、一片丹心为会战"，所有人都怀着一腔蓬勃向上的热血之心，迎难而上，坚持不懈，为大庆油田奉献青春，无怨无悔。

刚性电模型完成装配，通过了测试验收，开始投入模拟试验计算。由于模拟方法是用电阻的大小形象地模拟水和油，用电压模拟注水压力，按照时段绘制油水运动状态图，可非常直观地从多次模拟方案中优选最佳开发方案，普遍得到了应用好评。中央新闻纪录电影制片厂和 1966 年第一期《人民画报》报道了大庆油田计算室发扬自力更生的革命精神制造 3500 节点电模型机的先进事迹（图 1-5）。

尽管如此，电模拟的速度还是较慢，准确度也较为低下。当时要做一个区块的模拟计算，通常需要十几个人工作两三天才能完成。

电模拟用于油田开发时，无论是石油生产还是油田注水，油水边界推进和压力变化都很直观，但是它们只能模拟均匀介质环境下的情况，不能模拟复杂的地质情况。后来，随着更先进计算机的引进，在油田开发方面发挥越来越重要的作用，电模拟小组的同志们开始在 103 型通用数字电子计算机（简称 103 机）上学习编程应用，电模拟渐渐退出了历史舞台。

▲ 图 1-5　1966 年，大庆油田计算室电模拟小组成员合影（前排左四为计算室主任向德馨，左五为电模拟小组组长李莲仙）

◎ 引进 103 型计算机　开启油田开发应用先河

　　大庆油田计算机的引进，是由时任石油工业部副部长康世恩做出的战略决策。康世恩以战略的眼光预见到大庆油田开发将迎来一个宏大的场面，油田开发方案将需要海量的计算工作，他敏锐地意识到计算机将在石油开发方面发挥巨大的作用。他认为，计算机是一种新兴的科学技术，要掌握它，为石油工业服务。

　　1961 年 5 月，在康世恩直接领导下成立了石油工业部计算机小组，组长是松辽油田开发工作组总工程师童宪章，田奇后来接任计算机小组组长。

　　大庆油田组织部从油田各单位抽调了一批人充实到计算室，包括来自设计院的卞贵新，测井公司的赵寿良、张连溥、刘秉元，采油三矿的韩亚琴和总机厂的叔庆余等。

此外，因为深感人才不足，康世恩还直接向教育部请求分配计算机专业的大学生到大庆来参加石油会战，得到教育部的大力支持。1963年9月至11月，满怀报国之志，来自北京大学、吉林大学、重庆大学的王天禧、戎权龄、王永福、张令法、陈建新、任本瑜等先后到大庆油田计算室报到，大庆油田的计算机人才队伍阵容初步形成。

1963年4月初，根据石油工业部安排，松辽石油勘探局地质指挥所咸雪峰指挥和谭文彬副指挥向田奇交办购买103机的任务，田奇与松辽石油勘探局地质指挥所副指挥李道品一起起草了申请购买103机的文件。李道品从油田勘探、测井、采油、科研等八个方面叙述了购机的必要性，有观点、有数据，理由充分。材料形成后，咸雪锋指示田奇到时为大庆油田局机关的二号院，直接找松辽石油勘探局焦力仁副指挥签批，然后去石油工业部油田开发司汇报。石油工业部油田开发司唐克司长事先已经知道此事，并给国家科委申报了文件，内写"兹派我部田奇同志（系中共党员）前去联系购买电子计算机事宜"，落款是石油工业部部长余秋里（加名章）。6月，经国家科委批准，由第四机械工业部（简称四机部）738厂（北京有线电厂）提供一台103机。

103型通用数字电子计算机是新中国研制生产的第一批计算机，于1958年8月研制成功。103机共生产了38台，大庆这台计算机是第25台。这台计算机字长31位，存储容量为1024字节，外接RFT探针式纸带输入机、68型纸条打印机和55型电传打字机，存储器为磁鼓存储器。磁鼓是我国20世纪五六十年代计算机使用初期的主要存储器。受限于磁鼓的存取速度，整机运行的速度每秒只有30次。

103机的外观，和今天的计算机迥然不同，可谓是庞然大物，五个约两米高的大铁箱，里面插着大约800个电子管、2000个氧化铜二极管、10000个阻容元件，全机约有10000个接触点和50000个焊接点，机柜分为运算器、控制器和磁鼓存储器。

103机在由北京运往大庆的过程中，作为内存储器的磁鼓由甘瑜光专人负责。磁鼓是一个高速旋转的精密非磁性材料圆柱，外表面涂敷一层极薄的磁性记录媒体，非常精贵。一路上甘瑜光对磁鼓小心呵护，细心看管，生怕有什么闪失。到大庆时，为了将磁鼓从10多里外的车站运回计算室，他借用了一辆手推车，与赵寿良、张连溥、刘秉元一起将磁鼓推回机房。路上，为了防止磕碰，甘瑜光将自己的棉袄脱下来，铺到小推车里，垫在磁鼓下面，将磁鼓保护得稳稳当当。那是东北的冬天，即使白天也非常寒冷，但是为了保护机器，他顾不上自己了。这件事在大庆被传为一时佳话，大家赞扬他"爱护磁鼓像爱护婴儿一样"。同时，103机相关的元器件也由田奇和卞贵新到北京分批采购，并想尽各种办法运回大庆。

大庆油田开发研究院计算室在1963年9月13日正式成立，由电模拟小组和计算机小组共计52人组成，谭文彬、向德馨分别任正、副主任。这是石油系统第一个从事计算机应用的科研生产单位，标志着计算机技术开始进入我国的石油勘探开发领域。

在计算机开机调试前，计算室成员做好了前期的一切准备工作。一组由卞贵新带领赵寿良、张连溥和刘秉元安装配电盘、发电机组、控制柜和电源柜；另一组由陈建新带领任本瑜、韩亚琴、张令法和王永福进行插件测试工作。大家刻苦钻研，严格操作，经过两个月的努力，终于圆满完成了103机的调试准备工作。

1964年初，103机开始调试（图1-6至图1-8）。除738厂技术人员外，他们还请来了北京石油学院杨铭宾、中国科学院黄昌夺进行指导（图1-9）。因为准备充分，基础工作扎实，在各方人员的齐心协作下，仅用了50天的时间，103机便调试成功，并于4月投入运行。为此，计算室下设的机器组被评为当年的大庆油田标杆单位，甘瑜光被评为大庆石油会战标兵。1965年，大庆油田开发研究院计算室被石油工业部授予学习毛主席著作先进集体称号（图1-10）。

关于103机的安装调试，还有一桩轶事。1965年初，哈尔滨军事工程学院著名计算机专家慈云桂教授来大庆指导工作，对大庆103机的成

▲ 图1-6 1963年,大庆油田开发研究院计算室调试维护103机(左起:强维芳、陈建新、甘瑜光)

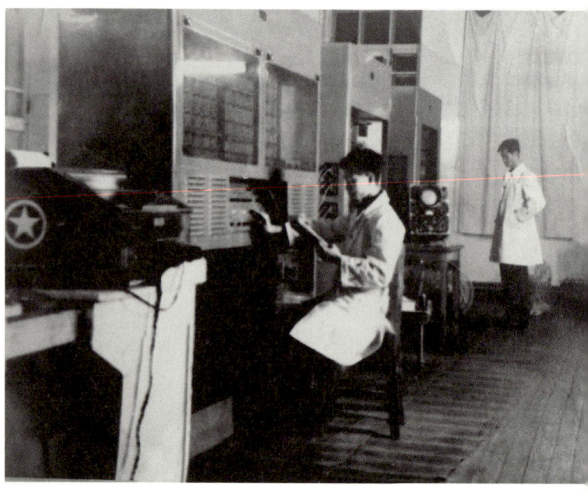

▲ 图1-7 1964年,大庆油田开发研究院计算室,103机运行中

▲ 图1-8 1964年,大庆油田开发研究院计算室,排除计算机故障后的喜悦情景(左起:张令法、任本瑜、王永福、陈建新、刁文举)

▲ 图1-9 1964年,大庆油田开发研究院计算室同事与专家教授在一起(左起:杨铭宾、陈建新、黄昌夺、强维芳、张连溥)

▲ 图 1-10　1964 年，大庆油田开发研究院计算室、中国科学院计算技术研究所、四机部 738 厂、北京石油学院的专家教授指导 103 机调试工作，并祝贺成功

功安装和投入运行给予了高度评价。当时哈尔滨工业大学（下称"哈工大"）也引进了一台 103 机，遗憾的是并没有成功运行。慈云桂将在大庆的见闻转告了哈工大。哈工大立即与大庆油田取得联系，希望大庆油田派人过去帮助调试 103 机。7 月底，大庆油田开发研究院党委副书记齐国贤派遣田奇和陈建新到哈工大。田奇、陈建新与哈工大数学力学系的师生一起，不分昼夜地工作了一周左右的时间，成功完成了 103 机的调试和投产。田奇、陈建新严谨踏实的工作作风和过硬的技术能力受到了校方的高度赞赏，校方还热情地邀请他们与当届的数学力学系毕业班合影留念（图 1-11）。

因为大庆 103 机的安装、调试、运行及"小机器解决大问题"的一系列成功经验，1965 年 8 月，受到慈云桂的邀请，大庆油田派田奇出席了 1965 年全国计算机会议。在会上，田奇介绍了大庆 103 机调试的相关经验。

▲ 图1-11　1965年7月，陈建新（前排左一）、田奇（前排右一）、储钟武（前排右二）与哈工大数学力学系毕业班师生合影留念

◎ 改换配件　把103型计算机的潜力发挥到极致

103机在大庆的运行不是一帆风顺的。它在应用初期，并不为人们所看好。最主要的原因是作为一台计算机，103机的运行速度非常慢，以至于有人笑称"还没有人打算盘算得快"。当时有些地质师打算盘的本领登峰造极，可以两只手左右开弓同时算，确实比103机更快。在工作的过程中，机器组根据需要对103机进行了几次升级改造，提升了103机的速度和容量，配置了更好的输入输出设备，提升了工作效率。陆续将内存储器从磁鼓更换成了738厂制造的磁芯，存取速度加快，运算速度提高到了每秒1500次，存储容量从1024字节扩充到2048字节，再后又扩充到4096字节。此外，配接了738厂生产的快速光电输入机、快速打印机和磁带外存储器。从此，103机的计算效率大大提高。

如今，我们如果要在计算机上编写程序，可以有各种各样的软件语言进行选择，一边写，一边还能自动纠错，快捷又方便。但是早期的计算机，在输入上非常麻烦。103 机后来常用的输入输出设备是纸带穿孔机和窄行打印机，编写程序时只能使用第一代计算机语言——机器语言。编程人员要熟记所用计算机的全部指令代码和代码的含义，把计算题目编写成计算机能够识别的指令序列，再将程序和数据以穿孔纸带的形式，输入计算机中。这种输入设备的工作效率非常低下，纸带需要手工进行打孔，出现任何一点错误就会影响计算结果。需要十二分的耐心与细心。穿孔纸带大约有 1.8 厘米宽，中间有一排小孔，计算机用它来确定指令的位置。每条计算机指令或数据用五个大孔中的若干个孔表示。如果发现程序纸带错误，就得把纸带拉出来，一个孔洞一个孔洞的比对，找出错误的地方。漏打的地方用特制的补孔器补打一个；多打了孔的地方，用多余的纸片堵上（图 1-12）。

103 机只有一套，供不应求，在机房 24 小时不间断运行，大家都排队等着上机，每个人只分到两三个小时的使用时间，机器能否稳定运行显得极为重要。为了保障计算机的运行，维护人员都是 24 小时待命。

计算机的稳定、可靠运行时间是衡量计算机优劣的重要性能指标。103

▲ 图 1-12　1964 年，大庆油田开发研究院计算室程序纸带穿孔间

机是一种电子管计算机，内部电子管和各种元件数量繁多。当时新中国的工业才刚刚起步，各种部件的质量很难保证，导致103机的稳定性和可靠性都比较差，经常出现故障停工，需要花费很多精力去维护和修理。这对维护人员的素质提出了很高的要求。必须对计算机硬件了如指掌，在计算机发生故障时，对错误现象进行分析，通过逻辑判断找出原因，追踪到具体出问题的部件，排查出具体的电阻电容，甚至是某一个虚焊点上，然后亲自上手修理解决。那时候计算机出过的问题超乎人们想象。

有一次计算机磁鼓的底盘突然发热，读写也发生了错误。当时是卞贵新与田奇值班，见此情景，马上停机，仔细排查后，分析出是润滑系统出了问题。田奇马上找来油管，用嘴把油路里的油吸出来，然后加入新油，故障迎刃而解。当时为能尽快解决问题，田奇根本没有顾及这种机油是否有毒。

◎ 设计软件　在摸索中辗转前进

计算机硬件有了，用起来还要有计算机程序，要在熟悉油田开发的基础上，建立起计算机应用的数学模型，选择合适的计算方法，然后用计算机语言编成程序，应用到计算机上。1961年计算机小组成立时，金煜明、李国治便最早被派往中国科学院计算技术研究所学习编制程序。

103机到达大庆后，计算室下设的程序组成员一边学习、一边摸索，为油田开发编制了许多程序，解决了许多计算难题。

计算机一投产，王天禧、戎权龄、金煜明、李国治、张令法、王永福六人便立即着手解决油田急需的油田小层动态计算问题。他们用接续的方式编出了求解小层压力、水线推进和产量三个程序，很快完成了油田东区小层动态计算任务。1965年，在统一小层动态计算方法的基础上，与现场小层攻关队密切结合，对整个"146"地区小层动态进行了计算，为编制该地区开发方案提供了依据。

1965年春，戎权龄和石广仁编制了小层射孔方案的计算机程序，全组轮流上机，在同年夏季完成了大庆南一区的小层动态计算。秋季，石广仁完成了重力数据的延拓计算，赵亚天与马志远完成了小井距试验的计算。

1965 年，在 103 机上完成了二维二相渗流方程数值计算的程序设计。大庆油田开发研究院开发室的石油工作者把它称为二维二相概算法，并依此完成了南四区开发方案所需的计算任务。当然每个方案的计算是针对开发布井方案中一个标准单元的一个层来进行的，面积不大于 500 米 × 600 米，要求计算 30 年的开发指标，每年算 10 个月的量。这样一个方案在 103 机上用 4 个小时可以算出。当时采用的二维二相概算法，如今在超级计算机上仍然还在使用。50 多年前，在一个容量不到 4096 字节，速度只有 1500 次/秒的计算机上就曾经实现了这种算法。参加这个工作的有开发研究院开发室楼锡吉，计算机室王天禧、马庆有、张秀峰、齐生才等。

1965 年底，林成明对二次凸规划算法进行了完善与提高。该算法的特点是会形成一个很大的数据矩阵，对于计算机来说，要求有较大的内存空间，而且计算速度越快越好。但当时 103 机的内存和速度都远远不能满足要求。起初曾决定去中国科学院计算技术研究所用较大的 119 机来解算。林成明大胆探索，通过仔细分析后发现，在二次凸规划算法的大数据矩阵中，将非零数据和零数据重新排列，分别集中，去掉零数据块只留下有效数据块，可以大大减少对内存空间的占用，运算量也大大减少，相当于提高了计算机的运算速度。经过测算，在 103 机上的确可以解算二次凸规划算法的运行问题。

◎ 投入开发 在应用中凸显威力

大庆油田是一个非均质多油层的油田。采用注水开发的过程中，油层处于急剧的运动状态，油水运动错综复杂，要及时掌握这个运动变化，就要做好油田动态分析和预测工作，这对指导油田生产，提高油田采收率有重要意义。

分层动态分析。这项工作需要大量计算。首先，数据非常多，仅计算一个区 70 多口井的分层动态，就要用 65000 个原始数据，计算结果也达到 60000 个原始数据；其次，在开采生产上采用分层注水、分层采油，涉及生产情况 100 多种，每种生产情况在计算上都有其计算特点。103 机的引进，提高了分层动态分析工作的效率。

并不是有了计算机就万事大吉的，在这个过程中，需要克服很多困难。计算室成员秉承着"有条件要上，没有条件创造条件也要上"的大庆精神，想出了各种解决方法。需要计算的数据量多，使用的参数也很多，计算任务很重。虽然 103 机的作用非常关键，但是毕竟内存很小，运算的速度很慢，使得这项任务格外繁杂。于是，程序组采用"蚂蚁啃骨头"办法，把一个大程序巧妙地分解成多个小程序来逐步计算。如此，他们可以用 5 到 10 天时间，计算出一个区、几十口井或四五年的分层动态指标（包含分层压力、产油量、注入量、含水量和含水百分数等指标）。

后来通过更换计算机磁芯升级存储器后，运算速度加快，使用二维二相渗流方程计算油田的一个开发区的一部分，选取油层数 10 个、计算面积 10 平方千米、开发年限 4.5 年、网格步长 250 米、网格节点 1710 点、时间步长为两个月，对于这个用人工无法完成的计算任务，计算机只用了 3.5 个小时。

分层注水方案。分层注水用数学关系式的组合作为数学模型中的约束条件，让这些未知数在满足约束条件下进行变化，再将所追求的目标（如水线推进的均匀性）建立一个目标函数，使这个目标函数达到极值，即获得最佳的分层配水方案。就拿油田某区来说，由 47 个变量构成的 21 个方程式及约束条件，人工计算无法实现，在使用了 103 机计算后，解决了这个问题。通过该注水方案初步分析，在无水采收率、水线推进的均匀性和油井的见水时间等方面，都优于人工编制的方案。

地质勘探数据计算。103 机被用来做区域地质勘探数据的计算。在深部地层找油中，选择超深井的最优井位，必须搞清基底深度及其构造形态，计算工作量非常大，但用 103 机 48 小时就可计算完成。具体做法是，利用磁力资料研究油田深部基底深度及其构造形态，将油田以 3 千米为步长单位，划成许多网格点，用积分方程的差分表达式，算出所需的相对基底深度的垂直磁力异常和基底的起伏，共向下延拓两次，每次延拓 3 千米。另外，利用重力位三次微分（即重力二次微分），研究不同深度的构造形态，采用 2 千米、4 千米、8 千米为步长，划分为三类网格点，用微分公式的级数展开式计算。计算结果完全符合各种勘探资料的综合推断，而且十分详细地描绘出油田深度构造，为深部找油开辟了广阔的前景。

最优渗透率图版计算。渗透率是反映油层特性的重要参数之一。渗透率图版是根据少数岩心分析的渗透率资料与电性建立关系。根据这种关系广泛应用测井曲线求取各井分层渗透率，需要研究如何利用最少资料制作精度最高的图版。采用回归分析、抽样检验等方法，将各种样品排列组合进行对比，得到了 5000 个渗透率图版的最优选样方案。这些方案用人工计算需要 4 个人月，而 103 机上只用了 30 分钟就计算出结果。

古生物对比油层样品计算。随着油田分层配水、分层开发等一系列油田分层管理措施的发展，对地层的划分要求就更细更准了。过去划分地层是用古生物形态特征，只能适用于大层段的分层。现在采用数理统计方法，可以揭示过去认识不到的古生物微小变化，又可以为微观沉积学理论研究提供资料。用人工计算工作量大，1963 年计算 20 块样品，4 个人用了一个月完成。后来采用 103 机，240 块样品的计算只花了 96 小时。

此外，还可以用于实验样品的分析计算。气体渗透率计算、原油胶质含量计算、电模拟实验参数的表格化整理、自动量油测气换算表计算等工作，都可以使用 103 机计算，大大提高了工作效率。

大庆油田这台 103 机不仅在油田创业年代得到推广应用，还为国家测绘总局（今国家测绘局）的勘测计算做出了贡献。1970 年，大庆油田计算机更新换代，103 机于 1972 年初调拨给了辽宁省抚顺市煤炭研究所使用。由于 103 机维护的基础工作扎实，派强维芳前去帮助安装时，机器顺利开动并稳定运转。

◎ 自主设计　培育信息人才的摇篮

103机引入的意义和影响重大。大庆油田作为我国最早引入电子计算机的大型企业之一，开启了中国石油工业应用计算机的新纪元。

大庆油田不断在计算机应用方面加大投入。自1963年开始的两年内，国家先后分配了62名计算机专业的高校毕业生到大庆油田开发研究院计算室工作，其中1964年一次就分配来了43名本科毕业生，分别来自北京大学、清华大学、吉林大学、南开大学、西安交通大学、福州大学、重庆大学、四川大学、东北工学院、武汉测绘学院等十所高等院校。到1965年，大庆油田开发研究院计算室已经拥有了超过100人的计算机人才队伍。这为我国石油工业计算机的应用和发展聚集和培养了一批宝贵人才，是石油信息化最早期的人才储备。

为了在油田大力推广信息技术，计算室多次深入现场调查研究。当时发现最普遍的计算需求聚焦在采油工人数据采集、整理和财务数据处理方面，由于受103机应用所限，还无法满足这些需求。1966年初，计算室领导认为晶体管具有体积小、功耗低、易普及使用和推广等许多优点，毅然决定依靠自身的技术优势，为采油工人试制一台采用晶体管线路的电子算盘，也就是具有加减乘除功能的电子计算器。对此，计算室组织了电子算盘攻关队，二十余人参加，先后委派陈建新和张有忱负责，相继开展了逻辑设计、电路设计、元器件筛选、线路焊接等工作。当时晶体管虽然在我国刚刚引入不久，第二代计算机也正处于研制中，攻关队成员尚未接触过这个新技术、新材料，也从未搞过计算机的设计，但是在103机上他们得到锻炼，积累了一定的知识和经验。他们一切自己动手、互相切磋，采用两班倒方式夜以继日地攻关，其中郭道成、邵文珠、赵世发、李根有小组，连续上了29个零点班，每天工作14小时，克服了一个又一个的困难，解决了一个又一个的难题，于1966年9月9日成功完成了电子算盘的研制，并向大庆油田工委报捷。这台机器在大庆万人广场展出，还特意为到访的3211钻井队英雄代表演示，受到广泛称赞。10月，石油工业部给攻关队发来嘉奖令。后来赵世发在此基础上完成了电子算盘增加"开方"运算的逻辑设计。电子算盘研制的实践，体现了大庆人自力更生、艰苦奋斗、勇攀高峰的精神，在计算室得到了传承。这段研发经历，为他们日后自主研制计算机打下了基础。

在与103机的磨合熟悉过程中，研究人员不断地学习、摸索、应用，在实践中锻造了一批高技术水平的计算机人才。后来，在确保大庆油田计算机应用事业持续发展的前提下，许多人随着石油工业的发展陆续离开大庆油田，分赴胜利油田、新疆油田、江汉油田、华北油田、大港油田、中原油田、江苏油田、长庆油田、中国海洋石油总公司等单位，成为各单位的计算机技术骨干。整个过程如同将一把种子撒入大地，生根发芽，长成参天大树；也如星星之火，熊熊燃烧，终成燎原之势。

◎ 大庆精神　终身珍藏呵护的烙印

大庆油田为石油工业信息化的发展奠定了坚实基础，同时，大庆精神也深深植根于石油信息化工作者的心里。大庆真是一片神奇的土地，在这里工作过的每一个石油人、每一代信息化工作者，都会在心里刻上大庆精神的烙印，无形中影响着其之后的职业生涯。

这就是工人阶级的伟大之处，把个人利益置之度外，一心想着拿下大油田。当时计算室的年轻人，每个人都怀着一颗火热的心，很快适应了艰苦的环境。

工作上领导要求非常严格，养成了"三老四严"（对待革命事业，要当老实人，说老实话，办老实事；对待工作，要有严格的要求，严密的组织，严肃的态度，严明的纪律）的工作作风。"天高我们攀，地厚我们钻，钢铁意志英雄胆，不拿下油田心不甘！"为甩掉贫油国帽子，会战职工以空前高涨的爱国热情和创业干劲推动大庆石油会战迅速开展起来。以"铁人"王进喜为代表的会战工人，以一种撼天动地的壮志和金戈铁马的气势，充分体现了毛泽东主席提出的"发展石油工业，还得革命加拼命"的精神——

这正是大会战最需要的革命精神。"这困难，那困难，国家缺油是最大的困难！""宁可少活二十年，拼命也要拿下大油田！""有条件要上，没有条件创造条件也要上！"这些我们已经熟知的激励大庆人为之奋斗的朴实话语，撑起了会战期间的精神脊梁。王进喜就是千千万万个普通老百姓心目中的英雄，那手扶刹把的英姿，至今看来依然很"酷"；那泥浆池中的纵身一跃，至今回忆依然令人激动感怀。正是这一点一滴，凝聚升华成"铁人精神"。"爱国、创业、求实、奉献"，就是这个"精神能源"，都已溶进了大庆人红色的血液里，溶进了"石油"这种黑色的"工业血液"里。时至今日，大庆油田仍然是全国学习的榜样，特别是在石油行业。套用现在流行的一句话——大庆精神"一直被模仿，从未被超越"。

大庆油田开发研究院计算室从最初的几十人到后来的上百人，都是年轻人，起初只有大宿舍，都是大通铺，大家吃睡在一起，亲如兄弟，生活轨迹就是三点一线，除了机房就是食堂、宿舍，有时候工作累了直接就睡在机房。同野外会战的职工一样，工作没有星期天，甚至夜以继日，工作几乎就是生活的全部，竟然无暇顾及想家。那时候，黑板上总是醒目地写着"明天放假"，几乎没有人真正去"落实"。

大庆油田开发研究院计算室的同志们后来陆续被组织安排到其他单位工作，但在大庆的工作经历，始终是他们最难以忘怀的宝贵时光。作为光荣的大庆人，"大庆精神"如同烙印刻进骨子，深深地影响着他们之后的人生。

1993年8月24日，是大庆油田开发研究院计算室成立30周年纪念日，全国各地的计算室老同志都重返大庆，相聚在一起。他们重温当初共同奋斗、激情创业的岁月，一起回顾计算机的应用，展望未来的发展，一切都仿佛回到了当年。此身已老，此心依旧（图1-13至图1-15）。

▲ 图 1-13　1993 年 8 月 24 日，纪念大庆油田计算机创业 30 周年时在大庆油田计算中心合影

▲ 图 1-14　1993 年 8 月 24 日，石油工业计算机应用回顾与发展研讨会现场，陈建新作报告

▲ 图 1-15　1993 年 8 月 24 日，计算室老同志在大庆油田计算中心前合影（左起：卞贵新、郭庆云、陈建新、田奇、张景存、甘瑜光）

150 计算机
自力更生的产物

在石油地球物理计算机应用的发展历程中，DJS-11 型计算机（也称为 150 计算机）的投产可以说是具有里程碑意义的重要事件。150 计算机是我国第一台运算速度超百万次的集成电路计算机，也是我国第一台应用于石油地球物理勘探的百万次计算机。

◎ 背景

20 世纪 60 年代，是一个社会大变革的时代。1967 年，中国宣布夏粮丰收，比 1966 年增长一成；这一年，中国"和平二号"固体燃料气象火箭试射成功，中国第一代自行研制的岸舰导弹首发点火发射成功，中国最大的无线电望远镜安装调试成功；这一年，中国第一台晶体管大型数字计算机 109 丙研制成功，平均运算速度每秒 11.5 万次；这一年，中国宣布石油产品品种和数量自给自足。

而在同时代的美国等西方国家，石油工业界已经从模拟计算机时代步入数字计算机时代，石油物探工作处于全球科技的前沿。美国倡议少数发达国家成立了"巴黎统筹委员会"，我国被隔离在各种高端技术之外，只能自食其力、艰苦奋斗。

当时，国际上的计算机科技发展正处于由电子管计算机经过半导体计算机向集成电路计算机转变的阶段。1964年4月，美国IBM公司研制成功第一个采用集成电路的通用电子计算机系列——IBM 360系统，这是世界上首台指令集可兼容的计算机，运算速度可达百万次至千万次。而同时期的中国，还处于电子管计算机时期，对晶体管计算的研制尚未大规模开展，计算机发展进程比世界主流慢了至少十多年。

当时的人们热情而大胆，敢想敢干。1964年，四川石油管理局地调处负责科研工作的工程师范祯祥了解到，美国在地震勘探方面，采用数字计算机处理地震勘探数据获得了极大成功，认为采用数字处理技术是石油勘探未来的发展趋势。于是他大胆向四川石油管理局提出建议，希望能研制一台大型数字计算机，以满足当时不断增长的数据处理需求。

研制数字计算机，光靠四川石油管理局的力量是远远不够的，需要与其他单位合作。20世纪60年代，国际形势还很紧张，中美尚未建交，欧美对我国仍然实行技术封锁，研制计算机和研究其他先进技术一样，需要完全独立自主、自力更生，从元器件开始，从头做起，自己设计、自己制造。

1965年夏天，石油工业部科技司批准启动地震专用数字计算机研制，四川石油管理局大力支持，四川石油管理局地调处成立了地震勘探数字化研究队，即200队。当时全国的地震队都以"2"打头，200队其实是第一队。200队由蔡陛健任队长，方云飞任副队长，彭德全任指导员，技术人员和工人各占一半，有50多人。队伍刚组建时，大家都是门外汉，有心无力，拿不出一个像样的研制计划。于是，队里派查中圻到北京寻找合作单位，但屡屡碰壁。最终得知重庆大学研制过M3型计算机，便决定与重庆大学合作。

1966年4月，队伍进驻重庆大学。学校的老师们对技术人员进行了计算机知识的普及培训。元器件方面，他们决定采用当时连四机部都未生产出来的大规模固体组件。没有成品，只能自己动手试制。派人到北京学习工艺操作，买好设备后，准备从切硅片、真空镀膜开始，一步步学习相关技术。正所谓初生牛犊不怕虎，他们低估了相关技术的深度和难度，研究工作陷入困境。

1967年5月27日，石油工业部计划司向国家科委发函《关于呈将"地震专用数字计算机"列入国家重点科研项目的报告》[（67）油计年108号]，说明地震资料的数字处理是地震技术现代化的主要方向，采用地震专用数字计算机处理地震资料可以使用新的数字滤波方法消除干扰，进一步解决复杂地质条件下寻找油气的问题，并可实现地震资料的快速整理。并说明由四川石油管理局与重庆大学、中国科学院、西南电子研究所等单位开展协作。由于项目规模大，技术难度高等原因，呈请国家科委列为国家重点项目。

为了做好这个项目，石油工业部在1967年将陈建新、李根有、林成明、郭道成四人从大庆油田调到四川石油管理局200队，加强研制计算机的力量。

1968年8月，研发团队的办公地点从重庆大学搬到了北京石油学院。

◎ 辗转两地　波折中诞生的总体设计

为了打破工作停滞的局面，推进研发工作，石油工业部采取了进一步合作的办法。1968年6月，石油工业部和四机部确定联合研制用于石油勘探的大型计算机。四机部将该项研究工作列为150号工程（机器编号DJS-11，后来也称为150计算机），并把任务交给了738厂。石油工业部汇合了地质部、煤炭工业部、四机部（738厂）的有关人员，在北京成立总体设计组，一起设计150计算机的总体方案。参加人员有石油工业部陈建新、李根有、林成明、郭道成，738厂孙强南、娄敬宗，地质部高国诚、谢呈奇。

1968年8月26日，150计算机研发团队8人在北京石油学院内一座小楼——炼制楼开始了总体方案设计。炼制楼里条件非常简陋，一个大房间里放着一张乒乓球桌，研发团队就把它作为办公桌兼会议桌。成员在校园里散步，经常偶遇石油科学研究院侯祥麟副院长。

孙强南是738厂计算机室主任，曾经参与过我国第一台计算机103机的生产和改进。1968年11月，在孙强南的主持下，根据石油工业部提出的每小时处理70张地震记录的需求，经过反复研究、测算，拟定了150计算机的总体设计方案，形成了《150计算机设计任务书草案》。这份方案得来十分不易，大家东奔西走、群策群力，克服了各种主观环境的限制和客观环境的干扰。没有经验可借鉴，全靠自己摸索。由于孙强南的英文水平较高，阅读过一些美国大型计算机相关的书籍，之前还有电子计算机的研制设计经验，才带领团队做出了这个百万次计算机的总体设计。

在总体设计中，研究人员提出很多新的大胆的设想和方案。按总体设计，每秒100万次的运算速度，要求最快的门电路每级的延迟时间要达到10毫微秒（即10纳秒），还必须尽量缩小计算机的体积，这就必须采用国内刚刚起步的集成电路和厚膜电路；要采用有发展潜力的通用机方案，使它能够不断添加和更换新设备，发展新算法；要采用先行控制、交换器、多存储体并行调度，加快算术运算、指令重叠执行等多种技术措施；要引入多道程序设计，提高并行处理能力，使软件也能有新的发展，等等。这些设想和方案，为后来150计算机实现高速运算及不断更新完善奠定了基础。

1969年1月29日，石油工业部与四机部738厂签订了试制地震勘探计算机的协议书。这时，738厂向研发团队提出到现场工作。于是，在3月中旬，研发团队搬到了738厂，成立了150设计排。设计排里安排了多位工人，于3月24日正式开始工作。738厂当时正在生产一种支持导弹发射的晶体管计算机——320计算机，这是一种每秒20万次运算的计算机，是当时国内最快的计算机，工厂主要精力都放在这台计算机的研制中。150计算机在此期间进行了设计方案的修改和完善。

与此同时，研发团队了解到上海华东计算技术研究所陈仁甫、谢玉和等同志正在研制的百万次集成电路655机的情况，陈建新受738厂委托，带领总体设计组部分人员到华东计算技术研究所参观学习，成员还包括石油工业部李根有、林成明、劳永杰、孙清茂、周贞海，地质部高国成、谢呈奇、黄国亮，738厂娄敬宗、慕京生。当时中国做计算机的研究所有华东计算技术研究所、中国科学院计算技术研究所、总参谋部第56所、中国电子科技集团公司第十五研究所（华北计算技术研究所）和第七机械工业部（简称七机部）706所等，其中华东计算技术研究所也正好在研制100万次计算机。在上海嘉定的参观学习历时3个月，期间受到保密政策的约束，一直无法进入华东计算技术研究所。后来，国务院国防工业办公室（简称国防工办）了解到了相关情况，派军代表来协调，才允许150计算机研发团队成员进入。在入所学习的一周时间里，成员们争分夺秒、如饥似渴地观察、记录、咨询、研究，获得了宝贵的知识和经验，为150计算机的成功研制增添了一份保障。

◎ 扎根北京大学昌平校区　多方携手完成研制

北京大学想要建校办工厂，向中央提交了报告，经毛主席指示，转国防工办处理。1969年5月，北京大学原无线电系335专业联合数力系计算数学专业和物理系半导体专业的教职工和留校学生共同在北京大学昌平校区筹办了电子仪器厂，并从1970年开始招收第一批工农兵学员。电子仪器厂实行厂办专业，先后在北京大学昌平校区创办了计算机专业、半导体专业和计算机软件专业。

1969年11月，经国防工办6911会议研究决定，将150计算机的研制列为国家重点科研项目，由北京大学负责，738厂、石油工业部共同承担研制任务。同年底，由738厂和石油工业部组成的"150设计排"带着正在设计中的图纸资料搬进了北京大学海淀校区，与北京大学参加150计算机研制工作的同志合在一起组成了一个设计连。北京大学参与研制工作的教师来自数力系、物理系、地球物理系和无线电电子学系，都是刚从下放劳动的地方返回到北京的教师。

1970年春，整个设计连搬到了北京大学昌平校区，简称"200号"（图1-16）。这个校区坐落在远离市区的山坳中，是一个十分僻静的地方。整个设计连约有140人，由北京大学来自8341部队军宣队的童宣海担任设计连总负责人，孙强南是产品负责人。连队下分几个排，北京大学张永魁负责硬件，杨芙清负责软件；石油工业部由陈建新带队，地质部由高国诚带队，738厂由白振敏带队。738厂对此尤其重视，将原来设计排的36人全部投入到此次研制工作中。

石油工业部为了组织好150计算机的研制工作，做了组织机构的调整，将四川石油管理局200队划归646厂（石油地球物理勘探局的前身），其中一部分人分配到徐水仪器厂，一部分人参加150计算机的研制。646厂从野外队抽调技术骨干和部分69届、70届毕业的大学生共54人充实到150计算机的研制队伍中。这支队伍先后由张成富、殷广志负责带领。

这是一支由多家单位组成，有激情、团结协作的队伍。不论是军人、

▲ 图1-16 北京大学昌平校区现址

专家、教授，还是工人和学生，目标明确、精诚合作、不计报酬，全心全意地投入 150 计算机的研制工作中。在设计连搬迁到了 200 号后，人员规模进行了扩大。石油工业部劳永杰是军人出身，雷达兵转业到企业工作，虽然只有高中文化，加入 200 队后，利用大量的时间自学计算机基本原理和英语。在 738 厂的一年多时间，他还专研了计算机运算器的微操作实例，在运算器组独立完成了加减法和移位的微操作设计。当时的硬件设计分为控制器组（图 1-17）、运算器组、交换器组、内存储器组、外存储器（磁盘机和磁带机）组、输入输出组和电源设备组等。

整个团队采用军事化管理，研制人员每天过着规律而严谨的生活，工作紧张有序。每天随着军队的军号声起床，可谓日出而起，但日落不息，晚上九十点钟的办公室依然灯火辉煌。

在这样几乎与世隔绝、没有外部干扰的环境下，研制工作的进展明显快了起来。在进驻 200 号的当年，设计连在前期工作的基础上，完成了 150

▲ 图 1-17 1970 年，北京大学昌平校区，控制器组成员合影（前排左起：陆志明、王丕显、陈建新、王守智，二排左起：张彩苗、地质部人员、高国成、潘太明、祝明发，三排左起：张立云、地质部人员、陈华陵、彭天忠）

计算机的全部设计任务，确定了机柜和插件的结构及各大部件的电路图纸，订购了配套元器件和外部设备。

这期间，从逻辑设计到器件制造再到线路板集成，全部是一点一点磨出来的。当时由878厂生产集成电路，738厂生产机架，北京大学电子仪器厂研制多层印制板。制造过程中需要将所有元器件逐个进行手工焊接，这是一项格外需要耐心与细心的工作，特别是多层印制板在工艺上要求极高。整个过程中如果有一点虚焊或元器件损坏，整个集成线路板就达不到预想的功能，因此需要确保每一个焊点、每一根导线、每一个器件都功能完好。当时元器件可靠性不高，电路设计也全靠人工绘制，难免出现一些失误，所以反复检测排查的工作量非常大。

150计算机涉及的通用和专用外部设备由很多单位协作提供，例如呼和浩特机器厂提供了2台电传打印机、2台光电输入机、8台1英寸磁带机；南京734厂提供了4台宽行打印机；四机部凯里4292厂试制提供了1台磁盘机。

1970年底，完成了150计算机生产图纸的绘制，开始生产。那时候电子器件的集成度很低，体积也大。150计算机整体是个庞然大物，全机一共使用了小规模集成电路58000多块、厚膜电路7700多块、存储器磁芯800万颗，组装成的线路板插件有3000多个。组装完成后的150计算机，拥有2米多高的主机机柜有11个：控制器机柜1个、运算器机柜1个、交换器机柜1个、内存储器机柜4个、电源机柜4个，加上其他的控制机柜，大大小小共有25个机柜；还有通用的9种外部设备22台。整台计算机把一间200多平方米的机房塞得满满当当。

1971年上半年，各大部件的线路板插件和机柜陆续制造完成，开始进行线路板插件测试。2月17日，内存储器率先进入大部件分调阶段。在团队的共同努力下，150计算机先后经历了线路板测试、各部件分调和全机联调。调试中发现的各种设计问题和工艺质量问题都被一一解决。1972年，150计算机完成全机联调，开始了3000多个小时的试算和考验。

北京大学电子仪器厂主要负责系统软件设计和编制工作，包括管理程

▲ 图 1-18　150 计算机在北京大学机房内试运行（据《无线电》杂志 1974 年第 1 期）

序、语言编译、符号汇编。这项工作在杨芙清带领下由陈成森、朱万森、许寿椿、杜淑敏等参与完成，并在 150 计算机上调试通过。

　　1973 年 5 月，完成对 150 计算机的硬件和软件出厂前的考核和测试。原来合同规定 150 计算机主机稳定运行时间达到 8 小时即可出厂，使用考机程序对主机、外设进行考核，最终主机平均稳定运行时间达到 10 小时，达到了出厂标准，准备移交燃料化学工业部使用（图 1-18）。

　　1973 年 7 月 5 日，将 150 计算机全套系统搬运到河北省徐水县的燃料化学工业部 646 厂计算站。在徐水新机房，150 计算机需要再次经历一段时间的试算和考核。由于 646 厂计算站机房接地条件有很大改善，在对 150 计算机主机考核的 207 个小时中，共发生三次故障，主机稳定运行时间达到 69 小时，可靠性有了大幅度提高。1973 年 10 月 10 日，150 计算机通过验收，正式交付使用。在实际使用过程中证明，计算机的速度超过了平均每秒 100 万次浮点运算的设计指标（图 1-19）。

▲ 图 1-19　1973 年 10 月，河北徐水，来自燃料化学工业部 646 厂、北京大学、四机部 738 厂的 150 计算机研制人员合影（二排左七陈建新、左八孙强南、左九金祖荣、右三张兴华）

　　150 计算机的研制过程就是不断克服困难的过程。最初的元器件制造和设计有很多不成熟的地方，导致机器在工作中经常出错，稳定性低。150 计算机的制造过程更是一个不断调整完善的过程。相关技术不断革新，到最后交付使用，经过大大小小 70 多项改进。

　　例如，在集成电路的使用上，150 计算机使用的集成电路是由 878 厂生产供应的，大部分是早期试制的产品。当时缺乏经验和严格的质量管理措施，集成电路筛选不够严格，供 150 计算机使用的元器件性能不稳定，开始调机时经常损坏，主机只能连续工作一两个小时，这引发了工厂内大范围的元器件质量整顿工作。在四机部科技司的大力关注、协作单位的支持和 878 厂职工的共同努力下，集成电路的质量有了大幅度提高。改进后的产品在 150 计算机中的使用情况良好，使整机可以连续稳定工作二十多个小时，最多时可以达到四五十个小时。集成电路在 150 计算机上的使用成果，也说明初期试制的集成电路经过筛选后，可以在大型电子计算机上使用，集成电路的质量不断提高。这也是厂校合作、元器件制造和整机装配紧密配合所取得的成果，为其后我国集成电路的发展积累了经验。

今天回顾起来，似乎难以想象，在那个国内经济发展一穷二白、电子制造业刚刚起步、石油能源急缺的年代，虽然研究条件极其简陋，但是科技人员一直在创新、拼搏。特定历史时期造就了特殊的团队，尤其是燃料化学工业部的技术人员，经过了大庆精神的洗礼，具有非常高的政治觉悟，滋养了队伍的勃勃生机。各参加单位密切配合，采用军事化的管理，计算机工作者们化重重困难为激情和责任感，在北京大学200号，硬是开辟了一片净土，历时4年，成功研制出我国第一台每秒运算百万次的集成电路电子计算机。

150计算机的运算速度达到了每秒100万次，这在当时是一项非常了不起的成就。石油勘探技术发展始终处于全球科技发展的前沿，20世纪60年代美国等西方国家石油工业界的计算机就已从模拟时代走向了数字时代。所以，石油工业部领导也非常想将我国地震队的模拟地震资料进行数字化处理，以促进我国石油勘探事业发展。150计算机的研制成功，打破了西方国家的技术封锁，不仅使我国的计算机研制生产达到了一个很高的水平，而且还创造了"产、学、研、用"相结合的成功范例并取得了宝贵经验。团队合作过程中所有人无私奉献、不惧艰苦、团结奋进的精神让人回味和赞叹。许多人后来都成了我国计算机及信息技术软硬件和应用领域的领军人物。

对于150计算机，党中央高度重视。四机部办公厅在1973年5月22日印发了以《我国集成电路150型电子计算机试制成功》为题的"电子工业简报"，向中共中央、国务院、中央军委做了汇报。《人民日报》在1973年8月27日头版刊登了《我国第一台每秒钟运算百万次的集成电路电子计算机试制成功》的报道（图1-20）。报道中说："半年多来经过三千多小时的试算运转证明，这台计算机性能稳定，质量良好，主机的解题能力、外部设备……等主要指标，均已达到设计要求"，"也为今后生产同类型或更大规模的电子计算机积累了经验"。

▲ 图1-20 《人民日报》在1973年8月27日头版刊登了150计算机研制成功的报道

1978年，党中央和国务院联合召开的首届全国科学大会上，将"全国科学大会奖"颁给了150计算机（图1-21）。2000年，在北京中华世纪坛的青铜甬道上将这一事件镌刻在了上面："公元1973年癸丑，第一台每秒运算百万次电子集成电路计算机研制成功。"（图1-22）2009年，新华社向海内外播发了中共中央党史研究室编写的《中华人民共和国大事记》，记载了新中国成立60年以来的发展历程，反映了国家取得的辉煌成就，关于

▲ 图1-21 1978年，全国科学大会奖奖状

▲ 图 1-22　北京中华世纪坛青铜甬道

计算机技术的记载有两则，其中一则就是："1973 年 8 月 26 日，我国第一台每秒运算百万次的集成电路电子计算机试制成功。"

北京大学在申报奖项时列出了在研制中做出主要贡献的前 7 人名单，依次是：孙强南（738 厂）、杨芙清（北京大学）、陈华陵（738 厂）、王攻本（北京大学）、张兴华（北京大学）、陈建新（燃料化学工业部）、贺汝法（北京大学电子仪器厂）。

◎ 知耻后勇　开创数字处理新时代

1973 年 5 月，为了加强石油勘探开发力量，燃料化学工业部决定成立石油地球物理勘探局（简称"物探局"），同时将四川石油管理局 200 队人员全体调入物探局，并将 150 计算机也调归物探局使用。7 月 24 日，物探局成立大会在河北徐水召开。会上宣布了物探局党政领导班子及机构设置，同时任命陈建新为副总工程师，从技术员破格提拔到技术领导岗位，负责计算机和数字地震仪的工作。

150 计算机虽然通过了验收，但还只是一台通用计算机，只能用于科学计算，既没有配上适用于地震资料的输入输出设备，也没有相应的地震资料处理软件系统，无法用于地震资料的生产处理。因此，计算机刚搬到物探局计算站不久，就发生了尴尬的一幕。1973 年 9 月，燃料化学工业部张文彬副部长来到河北徐水物探局计算站视察。为了迎接他，计算站的工作人员用计算机编程输出了歌曲《东方红》，并用宽行打印机输出了"欢迎"字样。张文彬看了后，却调侃了一句"计算站、计算站，光唱歌、不计算"。这从一个侧面说明了 150 计算机一直在调试中，软硬件条件都不具备，无法投入到实际使用中，计算站的同志们深感责任重大。

实际上，早在 150 计算机在 200 号研制期间，西安石油仪器厂便开始为 150 计算机研制配套的输入输出设备。当时由陈建新、周贞海专程去西安石油仪器厂与技术攻关队赖正朝等沟通，讲述 150 计算机对专用设备的需求。开始他们很难接受，因为是第一次听到二进制"0 和 1"的数字技术，认为在短时间内实现从模拟到数字的跨越，简直是天方夜谭。然而，为了一个共同的目标，他们组织人员，认真学习数字技术，研究 150 计算机的需求，经过多次反复试验和攻关，终于研制出中国独有的模拟磁带输入机。其外形像个转盘式的机关枪，一次性可以自动送带 12 张。同时，研制出采用 24 道一次扫描及连续照相的时间剖面显示仪，为 150 计算机处理地震资料提供了必要的手段。这项成果后来也被入选国家科学大会奖的名单中。

为了填补数字处理的空白，使 150 计算机尽快投入生产，在技术人员的支持下，方法研究和软件开发人员大力协同攻关，开展地震数据处理程序系统的研制工作。

在 150 计算机研制过程中，有多方面人员参与了地震数据处理的方法研究。早在 1969 年，在范祯祥的领导下，成立了以管忠为组长的方法组。随着 150 计算机研制工程的开展，方法组被 646 厂派驻北京大学，并增加了谢金营、张云凤、张智英等技术骨干。1973 年方法组回到物探局后，开始研究并设计150计算机数据处理方法和流程。与此同时，北京大学闵嗣鹤教授、北京石油学院牟永光和成都地质学院包吉山等进行的数字处理技术研究（助手有李承楚、王英芳等），其成果后来在范祯祥主持下，形成《地震勘探数字技术》专著，1973年10月由科学出版社出版了第一册和第二册（几年后又出版了第三册和第四册）。燃料化学工业部物探专家蔡陞健、陆邦干和646厂物探专家陈祖传等，多次应邀参与处理方法新技术讨论，其中包括当时国际上刚兴起的研究课题——"偏移叠加"（即后来的"叠前时间偏移"）和"叠加偏移或叠偏（叠后时间偏移）"。北京大学数学教师吴文达、甘章泉、陈乾生和钱敏平等介绍了国际上信号处理算法的研究进展，如快速傅里叶变换。上述部分成果，被应用于最早的两套地震勘探数据处理应用软件——程序A和程序B的设计中。程序A是理论合成记录的信号分析、滤波和偏移计算，设计的目的除了算法研究以外，还用于150计算机验收、考核。这主要是偏移计算对计算机能力要求很高，所以在程序A中特别包含了偏移计算。程序B设计的目的是用于模拟地震资料的处理。最初由8个子程序组成，处理前的准备、预处理、预白处理、动校正叠加、滤波、道平衡和显示等。虽然功能还比较简单，但这是使150计算机成为中国第一台具有模拟地震资料数字处理批量生产能力的计算机的关键。1973年10月，采用程序B处理了河北留路地区的二维模拟地震资料，生产出第一批模拟采集、数字处理的水平叠加剖面（图1-23）。

在150计算机研制工程中，646厂派驻北京大学参与软件研发工作的技术人员，后来转向了专用设备软件接口和应用软件的研发。派驻北京大学参与管理程序组工作的林成明、彭方亭、葛贵亭、黄光义、吴克环等，

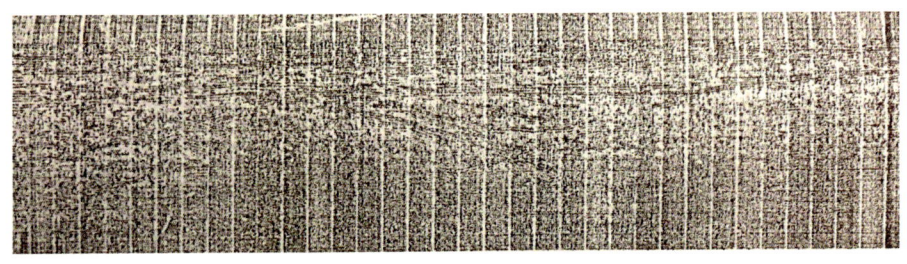

▲ 图1-23 1973年10月，使用B程序处理的留路水平叠加剖面

大多参与了专用设备（模拟磁带输入机、时间剖面显示仪和深度剖面显示仪）有关的软件开发。派驻北京大学参与符号程序组工作的王宏琳、郭瑞华、马聚良、徐淑卿等和派驻北京大学参与语言程序组工作的颜俊华、张玉芳、王长松等，大多参与了150计算机地震数据处理应用软件编程。除了上述三部分人员以外，曾经参与应用程序编程的软件人员还有方金明、杨长凯、王英芳等。150计算机在徐水安装后，从燃料化学工业部和北京大学合办的计算数学培训班学习归来的赵振文、田立国、牛金松、刘金成、卞惠琴、刘惠颖、彭立占、刘长根、史有福等十多人，也加入了方法研究和软件开发的行列。

150计算机地震数据处理软件开发和发展是一个系统工程。1973年3月，燃料化学工业部646厂组建计算中心站（简称"计算站"）（图1-24），7月正式成立，由金祖荣负责科研和生产。后来还成立了方法程序研究室，由马在田担任主任。

在150计算机方法和软件后续的发展中，还得到了许多单位的支持。

▼ 图1-24　150计算机在燃料化学工业部地球物理勘探局计算中心应用

华东石油学院仝兆岐、陆基孟，成都地质学院包吉山、李正文、陈继兰等，以及辽河油田卢秀球、胜利油田吴凤山、青海油田张宜峰、新疆油田王大万等一些科技人员，都曾经参与方法和程序研究。中国科学院华罗庚先生和冯康先生非常关心石油物探计算机应用。冯康所在的中国科学院计算技术研究所三室，在1974年初曾派遣关娴、孙家昶等多位专家来计算站参与有关软件研究工作。华罗庚曾于1977年10月亲自来到计算站参观并做学术报告。

相对于以前的模拟回放剖面，150计算机处理的水平叠加剖面信噪比和分辨率均有所提高，波阻关系清楚、主要反射层突出、中深层同相轴的连续性明显改善，显示了数字处理速度快、质量好和手段灵活的优越性。留路地区的试处理，标志着我国地震勘探步入了数字处理时代。李庆忠（那时他在胜利油田工作）在看了150计算机处理的一批剖面后，曾经给王宏琳写了一封信，给予了高度赞扬和肯定，并对进一步改进处理效果和剖面显示方法提出了许多宝贵的建议。物探局孟尔盛总工程师和王纲道总工程师非常关心150计算机的应用和发展，曾经分别向软件编程人员了解有关算法和编程问题。

◎ 争分夺秒 "争气剖面"为国填补空白

在150计算机的应用史上，有一件值得记载的大事。

1974年我国就北部湾的边界问题与越南展开谈判。领海主权涉及军事、政治、经济等多个领域，外交部亟须了解北部湾的地质情况，以确定边界的划定方式。为此，外交部找到了燃料化学工业部。

1973年底，为了发展海上石油勘探，燃料化学工业部从法国引进了一艘501勘探船，船上装配了刚刚引进的一台SN-338型数字地震仪。利用这台地震仪，燃料化学工业部在南海海域施工了一条地震测线（南海Ⅱ测线）。一方面，施工完成后，需要将资料进行数字化处理，尽快拿出地质剖面，查清海底情况以提供给外交部；另一方面，也是对这台引进的野外勘探仪进行验收，验证设备的可用性。

这台地震仪是数字信号机，使用蒸汽枪"放炮"，制造人工地震，再由船上的地震仪接受反射波，录制在半英寸九轨的磁带上。法国厂家认为，中国没有能力处理数字资料，也不可能在两三个月的短时间内就做出中国计算机与这台仪器接口的设备，必须将这些地震资料拿到法国去处理。

当时 150 计算机既没有配备半英寸九轨磁带机，也没有处理海上地震资料的程序，要在短时间内解决这两个难题是十分困难的。燃料化学工业部勘探司陆邦干同志从大局考虑，认为南海地震资料一定要在国内处理，再大的困难也要想办法克服，于是把处理 SN-338 型数字地震仪地震磁带的任务交给了物探局。物探局和计算站十分重视这项任务。计算站怀着为国争光的志向，在金祖荣站长、陈建新副总工程师的组织下，全体总动员，成立了计算机硬件、软件及处理攻关组，兵分两路开始夜以继日的攻关。

首先，要为 SN-338 型数字地震仪的 EP-509 磁带机与 150 计算机之间研制一个接口，建立一个信息传输通道。在技术上涉及记录格式、代码纠错和信号同步等一系列问题。在缺少资料的情况下，难度是很大的。磁带班的同志们接到任务后，谢长青、欧阳功能加班加点，在崔功利、张治明的协助下，翻译 EP-509 磁带机相关资料。在 7 天时间内，设计出了半英寸磁带机接口设备的逻辑控制图，使磁带机具有查找文件、读、写、停机等操作控制。随后，需要将 150 计算机的外存磁带机控制柜改焊成 EP-509 半英寸磁带机控制柜，这是一项十分复杂而精细的工作，相当于给磁带控制器动了一个大手术。这个接口设备的焊点有成千上万个，谢长青和欧阳功能负责焊接，他俩废寝忘食地工作，吃睡都在机房。期间，谢长青的母亲病重，家人发来电报，他也强忍着没有回去看望。

在外部设备数据传输过程中，交换器容易受干扰。为此，交换器班的同志们在李根有的带领下制作了通道开关，分手动和自动两种，使得交换器提高了稳定性。控制器班一直注意监察时钟脉冲的飘移，及时给予调整，也有助于主机的稳定性提高。

150 计算机地震数据处理软件的核心研究人员是王宏琳和管忠，主要参加人员有谢金营、彭方亭、颜俊华、王长松、葛贵亭、胡国栋等十余人，其中还包括软件编程、方法研究和系统支持的科技人员。在软件研发过程中，得到范祯祥和陆邦干等同志的指导。方法和软件开发人员首先分析了150计算机的程序A、程序B两套程序。程序A是一套考机程序，不能用于生产；程序B是模拟地震记录数据处理程序，其工作方式和软件架构，也不太适用。于是他们精心设计，细心编程，日夜加班，仅用了40多天时间就编制出了海上地震数据处理程序C和SN338B格式加工程序。程序C是一套包含一万多条指令、由十八个模块组成的地震数字处理专用程序，具有振幅控制、快速动校正、自动初至切除、数值滤波、水平叠加、反褶积、相干加强、动平衡和分段缩放处理等功能。这套程序的设计有几个技术创新和亮点，例如：在软件架构方面，采用主机和外部设备并行工作方式——在处理上一道数据时输入下一道数据，提高了处理效率；根据150计算机的特点实现各种数据处理算法，如快速动校正、快速反褶积等；速度分析的结果可以通过宽行输出速度谱矩阵、能量曲线和各个时刻的速度值，等等。此外，程序C还包括若干辅助程序，如空炮、异常记录处理程序，变观测系统、变速度处理程序等。SN338B格式加工程序具备数字地震记录格式解编的功能，以及数据磁带丢码、同步码错等记录异常的识别和处理能力。所有这些都是方法和程序人员紧密配合的成果。

1974年7月，王宏琳在《物探数字技术》（1974年第2期）发表了题为《150计算机地震数字处理程序C》的论文，系统介绍了程序C的架构、工作模式和主要功能算法框图。后来，马在田对150计算机地震数据处理的方法和程序的研发成果做了进一步的全面总结，撰写了题为《地震资料处理方法和程序》的研究报告。

1974年3月28日，法国勘探船记录的南海地区2600炮地震资料送到了计算站。计算站的同志们都非常紧张，前期所做的那些工作到底成效如何，即将接受真正的考验。地震仪磁带机和计算机的接口能否接通，磁带能否输入等一系列情况都是未知的，物探局计算站的领导，以及软件、硬件小组的所有成员都集中在这里等待结果。计算站的150计算机经过五昼

▲ 图 1-25　1974 年，在计算站用程序 C 处理的争气剖面

夜的连续运算，在随船工作的法方技术人员离开中国前四天，于 4 月 2 日利用程序 C 成功处理了我国第一条海洋数字地震剖面（图 1-25）。

这是一条十分壮观的剖面，剖面显示清晰，十几张剖面连接起来，贴满了整个燃料化学工业部会议室的墙面，剖面上的地震波连绵不绝，蜿蜒起伏，直观地反映出了航线所经南海地区的地质构造。外交部交代的工作得到了圆满解决，计算站的工作得到领导的高度赞扬。同时，处理过程中还发现 SN-338 型数字地震仪存在的问题，一位法国技术人员感慨说："我还从没见过像你们一样细致工作的人。"法国厂家很快接受建议并对设备进行了重新调试。

这条地震剖面的意义是深远而巨大的。它是国内第一条数字采集、处理的地震剖面，获得了国内外同行的高度赞扬。从 150 计算机验收（1973 年 10 月 10 日）到我国南海 II 测线数字地震剖面诞生（1974 年 4 月 2 日），其间相距不到半年。这不仅是我国第一条海洋数字地震剖面，也是我国第一条数字地震剖面，因为此前国内既没有数字地震仪，也没有能够处理数字地震数据的配套的软硬件。这条数字地震剖面的诞生，是软硬件协同攻关的结果，也是方法研究和软件编程紧密结合的产物。剖面处理成功不久，计算站向燃料化学工业部汇报。张文彬副部长看到剖面后非常高兴，他感谢广大科技人员付出的辛勤劳动，突破了技术封锁，"为国家争气了"。于是这条剖面当时被赞誉为"争气剖面"，也标志着 150 计算机的处理水平上了一个新台阶。马在田后来在《学海回眸》一书中曾经回忆说："1975 年初，到访我国石油工业部的法国专家，看到我们的争气地震剖面后，感到非常惊讶，因为他们未料到当时混乱的中国自己能取得具有相当难度的、具有前沿性的科技成果。因为除了美国和西方几个发达国家才有这种技术，苏联当时也未有。"

◎ 叠加偏移　数字处理上台阶

继争气剖面之后，为了使数字处理在成像质量上进一步提升，并探索出一套比较完整的陆上资料处理方法，更好地提升地质效果，1974年6月，燃料化学工业部决定选择胜利油田商河西地区作为数字处理会战的战场。该地区断层及多次波较为发育，水平叠加处理已不能满足地质解释的要求。为此计算站组织方法、程序人员对偏移处理的方法和编程进行攻关，用一个半月的时间，解决了程序调试、参数选择和数据显示三个关键问题，编制出了叠加偏移程序。

经过三个多月的会战，成功处理完成了试验区39条测线的叠加偏移剖面。这是我国第一次整块数字处理的叠加偏移剖面，经与模拟回放剖面和水平叠加剖面对比，其质量有显著改进和提高，尤其是中—深层资料品质有较大改善，断点清晰、断面可靠、回转波和倾斜界面的归位效果良好。经打井证实，处理精度深度误差不超过50米。该区部署打井20多口，口口见油层，为50多平方千米含油气面积的油气资源评价提供了可靠的资料，取得了显著效果，使数字处理再上新台阶。

在商河西地区地震资料会战中，为了确保水平叠加的结果和叠加偏移结果的记带处理的正确性，必须要求磁带机有互换性。但当时解决国内磁带机的互换性还是一个复杂的技术课题，磁带机厂家也未能解决这个问题。为满足数字处理的要求，磁带班同志在谢长青的带领下，冥思苦想、群策群力，通过对磁头一致性、磁轨边道、垂直度、水平度、包角和读出放大器等六项内容进行技术攻关，达到了对全"1"标准信息带的互换，使150计算机链接的8台DL-1型磁带机全部实现互换，不仅确保了数字处理会战的完成，还提高了150计算机的使用效率。

◎ 任丘会战　150 计算机一直在前进

从 1974 年到 1976 年两年多的时间里，计算站 150 计算机接受了辽河、华北等沿海地区的地震资料及新疆、青海等内陆的地震资料，不仅有模拟的，也有数字的，有陆地的，也有海上的，地域广阔，资料复杂。原始资料类型有四五种，施工的地震队达四五十个。为了完成这样繁重的任务，必须挖掘设备的潜力，扩大生产能力，提高处理的质量和效率。

为此，在提高效率方面，对单道程序结构进行改进，通过改变采样率、压缩内存容量，实现了速度和水平叠加的双道运作，使处理效率提高了 50%；在提高质量方面，为加强中间监控，通过信号接口的研制，将一台进口的 4800 静电绘图仪接入，实现实时监查动校正和水平叠加结果，确保了地震资料处理的质量；在扩大生产能力方面，1975 年，为 150 计算机配接了三台进口的 TMA 半英寸九轨磁带机和物探局仪器厂自行研制的 TC-11 型磁带机。上述措施为繁重的地震资料处理任务和任丘油田会战提供了保障。

1975 年 4 月至 6 月，为配合冀中地区任丘—辛中驿地震资料处理解释会战，编制"四准确"地震构造图，针对古潜山进行"四查"，即查古潜山形态、内幕、环境、盖层。结合该地区潜山埋藏深，顶面起伏大，异常波干扰严重的问题，方法组和程序组的同志们改进了偏移处理方法，同时增加了三道相位均化，还移植了赛伯 1724（CYBER 1724）机滤波模块处理程序，"四查"在古潜山油气勘探中发挥了明显的作用。通过对冀中坳陷任丘地区 50 多条测线的反复处理，获得的剖面主要反射层突出、断点清楚，奥陶系顶部的绕射波获得正确归位，古潜山界面清晰，并制作出了可靠的地震构造图。经打井证实了主要断层位置，各层深度误差都小于 50 米。根据构造图，任丘 4 井在 3153 米深的古生界首次打出千吨油井。同时，在河间、霸县、八里庄、雁翎等冀中地区为寻找古潜山高产油气藏的战役中，也取得了可喜成果。150 计算机为我国开启找油新领域做出了新贡献。

◎ 引进雷森　开展数字处理会战

随着石油勘探的发展，150计算机地震数据处理系统已经远远不能满足地震勘探的需求，燃料化学工业部抓住改革开放和中美关系改善的有利形势，积极与美国、法国开展贸易谈判，引进地震资料处理系统。燃料化学工业部委托中国进出口技术公司，通过多种渠道，克服重重困难，最终与美国空间地球物理公司（Geospace）签订了引进4套雷森1704（RAYTHEON-1704）地震资料处理系统的协议。

当时，由于中美还未正式建立外交关系，在外事交往和商务上存在诸多的障碍。引进雷森1704地震资料处理系统是燃料化学工业部党组为加强勘探、开发东部地区的重要举措，为此选派专人出国对雷森1704地震资料处理系统进行考察和培训。考察团由物探局局长安启元任团长，陆邦干、潘树琪、陈建新、管忠、张秀峰、张子道、梁振军、缪学明、张东彦、李俊儒等15人为成员，于1974年10月集中在北京东郊燃料化学工业部干校，为出国做各种前期准备。

雷森1704地震资料处理系统虽然是一个小型的地震资料处理系统，但美国政府放行卖给中国还是首次。该系统提供的硬件及地震资料处理的专用配套设备比较完善，地震资料处理软件也比较成熟，特别是配有一台数列处理机（ATP），是该系统的一大亮点。美国人称它为"黑匣子"，因为它的计算速度很快，比主机还要快若干倍。有了它的配套，系统处理能力将大幅度增强，但具体是什么原理却不为人所知，所以叫"黑匣子"。"黑匣子"的存在，让雷森1704地震资料处理系统带有几分神秘莫测的感觉，它也曾经是美国政府禁运的产品之一。后来发现，引进的赛伯1724机及IBM3033数据处理系统都配备了数列机MAP Ⅱ和3838。

在燃料化学工业部干校等待赴美签证期间，学习的时间比预想的多了起来。在这段时间里，神秘的ATP深深吸引了陈建新，他如饥似渴地学习和消化外商提供的相关资料。通过逐步深入学习，他慢慢理清了ATP高速运算的原理，揭开了"黑匣子"的神秘面纱。由此，他萌发了一个大胆的想法：我们已经有了研制150计算机的经验，为什么不能研制中国的ATP呢？从此，这个想法一直萦绕在陈建新心中。

1975年时的中国还未开放。1月初，赴美签证下来了，考察团全体成员，除了团长安启元有出国经验外，其他人都是第一次出国，对于西方世界还是有一些好奇和期待。这是燃料化学工业部第一个去美国考察培训的大型团组，肩负着重要任务。出发前一天，唐克部长专程到燃料化学工业部干校看望大家，为大家送行，并给予勉励和忠告。唐克部长特地对安启元说："老安去阿尔巴尼亚援建是有功的，受到阿尔巴尼亚的嘉奖，你带队去美国我们是放心的。"

1975年1月14日，考察团乘坐中国民航客机出发。途径巴基斯坦，短暂停留后飞往法国巴黎，降落在戴高乐机场。迎接考察团的是一位法国老太太，她对中国人十分友好，对机场很熟悉。在她的引导下，入关的手续办理得十分顺畅。法国老太太兴致勃勃地带领大家在机场内参观游览。气势辉煌的机场大厅、自动化的扶梯、现代化的机器设备等都是考察团前所未见的，让人眼花缭乱的同时也感到十分震撼。考察团当天入住中国驻法国大使馆。在大使馆休整两天后，从巴黎飞往美国华盛顿，抵达中国驻美联络处。因为中美尚未建交，当时还没有中国驻美大使馆，只设有联络处。

联络处黄镇主任是后来中美建交后的第一任中国驻美大使。他热情接待了考察团，联络处工作人员见到考察团也都纷纷过来打招呼，大家就像是久别重逢的亲人一样簇拥在一起，倍感亲切。

在联络处做短暂停留后，考察团乘机抵达目的地休斯敦（图1-26），在美国空间地球物理公司开始了为期四个月的紧张考察和培训。美方把考察团安排在离公司不远的公寓，每天用大巴接送上课。老师都是美国空间地球物理公司的工程技术人员，有针对性地为考察团讲解雷森计算机的各个部分。在这里体验了和以往截然不同的教学方法，老师上课时并不是按章按节直白讲授，而是更加灵活多变，加入了许多互动环节，令考察团耳目一新。当

▲ 图1-26 1975年2月,考察团抵达休斯敦后合影(一排左一潘树琪、左二张子道、左四管忠,二排右一梁振军、右二陈建新、右三陆邦干、右五安启元)

时美国已经实行每周做五休二的工作制,考察团遵循美国的作息时间。美国空间地球物理公司有时还会在周末安排一些休闲活动,如观看斗牛比赛、游览国会大厦等(图1-27)。有一次参观美国航空航天局(NASA)(图1-28),当时阿波罗登月计划才结束3年。考察团在专人带领下,参观了登月舱(图1-29)、登月车及宇航员的训练中心、宇宙飞船的控制中心等。就是这样的一次参观,美国的空间技术和科技水平震撼了每一位成员,给他们留下了十分深刻的印象,也深感中美差距之大,技术研究与发展刻不容缓。

期间还有一次难忘的经历。美国空间地球物理公司为考察团安排了一次去印第安人聚集地俄克拉荷马州野外考察11天的作业,安启元带着4人参加。出发前,该公司的一名部门经理驾车把他们带到了一个小型的飞机场。下车后目之所及都是小型飞机,没有意想中的客机。那位经理告诉他们,去俄克拉荷马州的路程将由他开飞机把他们送过去。他的飞机平时就停靠在这里,其本人有飞机驾驶执照,并有多年的飞行经验。美国政府鼓励私人购买飞机、驾驶飞机。考察团跟随这名经理坐上了一架12人座的小型螺旋桨飞机,经过半小时左右的飞行,平稳降落在俄克拉荷马州。20世

▲ 图 1-27　1975 年，考察团游览华盛顿国会大厦（左二起：潘树琪、缪学明、陈建新、管忠、张子道）

▲ 图 1-28　1975 年，考察团参观休斯敦 NASA

▲ 图 1-29　1975 年，休斯敦，安启元（坐者左一）坐上登月车

纪 70 年代的中国还处在改革开放的前夕，国家的经济、科技和生活水平与美国相比有着很大的差距。考察团这次来到美国，大型超市、高速公路、私人汽车、公共设施和生活方式等都令人大开眼界，仿佛到了另一个世界。他们在心中也暗暗期待着中国全面实现现代化的一天。

1975 年 5 月 15 日，考察团结束了在美国的学习和培训，满载丰硕成果回到了徐水。这既是一项任务的结束，也是另一项任务的开始。8 月 5 日，燃料化学工业部决定以物探局为主，辽河油田、四川油田、大港油田、胜利油田和石油规划院（现中国石油勘探开发研究院前身）参加，利用物探局的 150 计算机和引进的雷森 1704 地震资料处理系统，在北京组织地震资料数字处理会战，并验收和考核从美国引进的雷森 1704 地震资料处理系统，同时培训计算机相关人才。从此，物探局进入数字地震勘探时代。

地震资料数字处理会战指挥部设在原北京石油学院地质楼内（图 1-30），并组建了生产办公室，由周良叔、鲁英、陈建新总体负责，管忠、俞寿朋负责地震资料处理。引进的 4 套雷森 1704 地震资料处理系统，除了

▲ 图 1-30　原北京石油学院地质楼现址

一套放在徐水，另外3套及胜利油田从法国引进的伊利斯60数据处理系统都集中安装在地质楼，以供会战使用。辽河油田、四川油田、大港油田和胜利油田分别派出了软硬件和地震资料处理人员集中在地质楼，各自负责自己系统的运行维护和地震资料处理工作，并统一接受培训，承担华北油田和海上地震资料的处理任务。

地震资料数字处理会战历时两年，不仅完成了地震资料处理任务，还为4个油田培养了一批技术骨干，也为引进国外数字处理系统开启了先河，为借鉴、吸收创新积累了宝贵的经验。1977年，3套雷森1704地震资料处理系统和伊利斯60数据处理系统分别搬到辽河油田、四川油田、大港油田和胜利油田，为找油找气继续发挥作用。

◎ 不断进取　150计算机地震数据处理系统挑大梁

从1973年开始，计算站的全体同志在"独立自主、自力更生"和"洋为中用"方针的指引下，在生产实践中，迎着困难不断前进。在设备的配套方面，将雷森1704地震资料处理系统配置给150计算机作为预处理机，用于野外模拟磁带的记录和照相显示，大幅度提高了150计算机的处理能力。同时，为适应各种地震资料的处理，增加了自动静校正、反褶积等新的处理模块和吴烈诩研制的符号处理技术，移植了赛伯1724机的滤波模块。在组织形式上，实行了大生产的流水作业，从而形成功能完善的150地震数据处理系统。该系统犹如一个加工厂，昼夜不停地对地震勘探的大量信息进行处理和分析。据统计，地震数据每2.5年就增加一个数量级，其实这就是当今人们谈到的大数据的概念。可见，40多年前，计算站的同志们就开始运用大数据了。

150计算机在硬件设施的配套和处理方法、程序完善、处理能力和水平的提高，以及稳定性和可靠性的增强，已经远远超出了当初设计的150计算机的水平。150计算机在4年的时间里，为华北盆地、南海海域、渤海海域及全国各个地区和单位处理了近10万千米的多次覆盖剖面，共处理了相当于200万炮次的地震记录。地震处理能力从1974年处理16万张、1975年48万张、1976年66万张，提高到1977年处理80万张资料的能力，平均班产（三班倒工作制，每8小时为一班）突破3000张资料，生产效率显著上升，为各探区的地震资料处理和新油田的发现做出了巨大贡献。

1979年9月28日，石油工业部地球物理勘探局计算站因应用150计算机的优异成绩，在国务院表彰工业交通基本建设战线的全国先进企业和劳动模范大会上，授予物探局计算站"全国先进企业"的光荣称号，时任国务院总理华国锋签发了"国务院嘉奖令"（图1-31），这是第一次以国家名义颁发的成果奖项。

石油工业部领导从150计算机研制工程的成功看到了计算机技术对于油气勘探的重要意义，决心促进我国地震勘探数字化，并开始引进先进的计算机技术，在引进的基础上消化、吸收、再创新。

▲ 图1-31 1979年获得国务院嘉奖令

◎ 锦上添花　150-AP再创辉煌

20世纪70年代，150计算机为石油勘探做出了巨大贡献。但是，随着时间的推移，石油物探技术进一步成熟，150计算机的处理速度逐渐无法满足地震资料处理的需要。

1976年，美国浮点系统公司（FPS公司）为计算机开发出了数列处理机（Array Processor，简写为AP）。数列处理机不同于通用计算机一条指令只能完成一次运算，而是可以一条指令完成多个运算。将AP连接到一台通用计算机上，可以使系统的运算速度提升到原来的好几倍，而AP的价格却只有通用计算机的几分之一。

AP的运算速度可以达到每秒千万次以上，在数字信号处理，特别是在石油勘探中的地震资料处理、图像处理等方面能够发挥非常大的作用。FPS

公司推出的 AP-120B 在短短几年内销量就达到数千台，它的最大性能可以达到 1200 万次 / 秒的浮点运算。但是在当时，AP-120B 对中国是禁售的。

1977 年从法国 CDF 公司进口的赛伯 1724 机也配有 AP，但它是由晶体管分立元件制成的数列处理机 MAP Ⅱ，是一种定点的处理机，技术落后，功能弱小，只有少量的向量宏指令。

在这样的局面下，非常期待 150 计算机能配有自己的数列处理机。陈建新作为物探局副总工程师兼研究院副院长，从 1975 年赴美学习雷森 1704 地震资料处理系统时就十分关注所配备的数列处理机。1979 年，他提出希望与中国科学院计算技术研究所合作，为 150 计算机研制一台高速的浮点数列处理机，以提高地震资料的处理速度。

在此之前的 1978 年，中国科学院夏培肃听说石油工业部进口了赛伯 1724 机，安装在涿县物探局研究院（图 1–32），于是前往涿县参观了这台计算机（图 1–33 至图 1–35）。她非常认真地进行了分析和研究，同时也了解到石油是如何通过人工地震来进行勘探的。她认为中国科学院计算技术研究所可以为石油勘探中的地震资料处理做一些工作，欣然同意了物探局研究院的合作邀请。夏培肃是中国计算机事业的奠基人之一，中国第一台自行设计的通用电子数字计算机——107 计算机，就是由她设计试制的。

▲ 图 1–32　1979 年，物探局研究院

奋斗者的脚步——中国石油计算机应用与信息化建设历程

◀ 图 1-33　1978 年，涿县，赛伯 1724 机机房

◀ 图 1-34　1978 年，涿县，赛伯 1724 机磁带库

◀ 图 1-35　1978 年，涿县，赛伯 1724 机磁盘间

经过双方反复协商，物探局研究院和中国科学院计算技术研究所最终于1979年5月29日签署了为150计算机研制配套数列处理机（150-AP）的协议书。这个项目在中国科学院的负责人是夏培肃教授，在物探局的负责人是陈建新。机器的指令系统由物探局首先提出，然后和中国科学院计算技术研究所反复讨论后确定。150-AP的总体结构设计、逻辑设计、工程设计、可靠性设计、生产加工、调试等工作由中国科学院计算技术研究所完成。系统软件及应用软件，以及150-AP和150计算机的接口等工作主要由物探局负责，机器的试算在物探局进行，其中物探局李春山、詹文岛、孙清茂等参与了逻辑设计。

大家分工合作，各有侧重。由中国科学院计算技术研究所方信我负责总体结构设计，王刚和孙清茂负责指令控制器的逻辑设计，詹文岛负责加法器的逻辑设计，刘玉兰负责乘法器的逻辑设计，严家耀负责电源设计，中国科学院计算技术研究所机械机构研究室负责机柜、插件和通风等机械方面的设计，中国科学院计算技术研究所实验工厂负责加工。总体层面上，由李春山负责全面管理，夏培肃负责业务指导，并对全部逻辑设计图纸进行审查和修改。

150-AP的软件部分，由物探局林成明负责，卞惠琴、郭瑞华、莫益琳、李静平、王森等共同参加完成。该系统由软件和应用组成，分为双机管理系统、汇编语言和地震处理程序三部分，其中双机管理系统指系统本身的管理系统和与通用机联结控制的管理系统，管理系统由林成明设计完成，通用机联结控制的管理系统主要由卞惠琴负责。150-AP指令汇编的符号程序是由郭瑞华和莫益琳完成的。应用部分是将150计算机中的地震资料处理程序C翻译成150-AP程序，由李静平和王森完成。

指令系统是一台计算机能否完美运行并取得实效的核心和灵魂。150-AP的指令系统是由林成明为主设计。他认真参考阅读了数列处理机MAP Ⅱ、MAP Ⅲ、2938、3838和APOLLO的系统，在心中暗暗期待能够设计出超过APOLLO的指令系统，因为APOLLO的表现形式和中国计算机的表现形式有相近的地方，而且美国将APOLLO用于登月飞行的计算和控制，因此，超过 APOLLO 指令系统意义重大。MAP Ⅱ、APOLLO 等系统都是通过一条指令完成多个运算，从程序设计的观点来看都是在一次循环内完成的。林成明认为要凸出数列处理机运算的特点和提高其性能，一次循环是不够的，还有提高的空间。因此设计了二重循环二重变址乘加运算指令。在通用机上完成一次两个矩阵相乘，一般都将执行一百多条指令，林成明设计的二重循环二重变址乘加运算指令，只需一条指令，极大提高了运算速度和效率，这在国内外都是首次实现。

150-AP 完全是一个独立的纯运算计算机，如果没有输入输出设备，就无法运行。因此，要将 150-AP 与 150 计算机进行联结，借用 150 计算机的输入输出功能才能使 150-AP 成为名副其实的可实用的计算机，这给软件开发带来了相当大的困难。经过一年多的时间，研发人员完成了整套 150-AP 软件的研制、调试，并投产使用。经 150-AP 处理出的地震剖面可与从法国引进的赛伯 1724 机处理的剖面相媲美，完全实现了该项目立项时的预期与初衷。

150-AP 与国外的 AP 有很大的不同。国外 AP-120B 一类的处理机，是主机的附属处理机，只能通过外部管道，在主机控制下工作，因而不管 AP 的运算速度如何快，主机加上 AP 的系统速度一般是原主机的 3~4 倍。150-AP 不是主机的附属处理机，它和主机直接相连，类似于现在的 GPU（Graphics Processing Unit，图形处理器），是一台自主运行的处理机，和主机并行工作，不受输入输出设备的影响，系统效率大大提高。150 计算机和 150-AP 联机系统处理水平叠加剖面效率为原机的 3~7 倍，波动方程偏移剖面的处理效率为原机的 2~3 倍，处理精度和质量也都有所提高。

为了尽可能提高 AP 的运算速度，在总体设计时，夏培肃提出了"总体功能设计、逻辑设计、工程设计一体化"的设计思想。在这个思想指导下设计出来的 150-AP，缩短了传输线上对时钟周期的影响和信号延迟，使 150-AP 的运算速度比 AP-120B 还要快 200 万次，达到了 1400 万次/秒。

为了提高数据存取速度，方信我大胆提出素数模存储的设计，能有效地减轻 150-AP 数据读写时产生的瓶颈等待。相比其他 AP，150-AP 的优势还在于有两个独立的存储器，每个时钟周期可向运算器提供两个数据，每个存储器有 3 个模块，各以素数 3 为模数的交叉存取，可以有效避免存取访问的冲突，实现高速率的数据存取。本机插件的信号线都分布在表层，使特性阻抗有所提升，这样的结构使印制线的特性阻抗达到 100 欧姆，与底板 110 欧姆的双纽线有较好的匹配，提高信号传输的完整性，获得较好的传输速度，保证机器的可靠运行。同时，150-AP 的信号传输系统的特性阻抗为 100 欧姆，而国外的一般为 50 欧姆，因此 150-AP 的功耗较低，仅为 600 瓦。相较于外国的用水散热，它只需要通风散热即可。

此外，中国科学院计算技术研究所在 150-AP 的可靠性方面还做了很多创造性的工作，包括使全机的信号传输系统的特性阻抗匹配、导线不分枝、多层印刷制板采用分布式地网等。研发人员还将分布在各处的时钟脉冲对齐，缩小时钟漂移。

150-AP 项目于 1979 年 6 月正式开始工作，10 月确定了总体方案，10 月至 1980 年 9 月完成了模型机的总体架构设计和逻辑设计，1980 年 4 月至 12 月完成了工程设计和生产加工。12 月至 1981 年 11 月，研发人员用近一年的时间，对机器进行了分调、联调及软件调试，12 月投入试生产。1982 年 7 月 22 日，150-AP 通过了科学技术部的鉴定（图 1-36）。同年，获得

▲ 图 1-36　1982 年 7 月 22 日，北京，150-AP 通过了科学技术部鉴定，研制人员合影留念（前排左二：夏培肃）

▲ 图 1-37　1981 年 2 月，涿县，150-AP

中国科学院重大科研成果二等奖。

经过三年的系统攻关，成功研制出高速数列处理机 150-AP（图 1-37），最高速度可达 1400 万次/秒，它除了具有高速向量运算指令外，还具有标量运算指令和控制指令，在自身管理程序的控制之下，还可以独立完成某些作业，是一般数列处理机所不具备的。

150 计算机加上 150-AP 后，地震资料处理速度提高了 10 倍以上，大大提高了地震资料的处理效率。1982 年，为了加强西部勘探，石油工业部决定将 150 计算机整套系统调拨至长庆油田。长庆油田位于鄂尔多斯盆地，是中国第二大沉积盆地，横跨陕、甘、宁、晋四省和内蒙古自治区，总面积 37 万平方千米。10 月 22 日，150 计算机和 150-AP 搬迁到鄂尔多斯盆地的长庆油田勘探局，为长庆油田勘探开发发挥了重要作用。对此，中央电视台还专门做了报道。

150-AP 用低成本实现了运算速度高于西方对我国禁售的同类产品，在国际上受到相关领域的极大关注。1980 年，林成明和方信我一起执笔撰写了相关论文。1981 年，夏培肃对论文进行了修正并翻译成英文，将它投稿到美国亚特兰大召开的"第 8 届国际计算机体系结构年会"。这个会议是国际上关于计算机体系结构最权威的学术会议。中国学者第一次在这个会议上发表论文，审稿的专家将这篇论文定为特邀文章（invited paper）。150-AP 的新型体系结构引起了国际同行的兴趣，夏培肃被英国和美国的多所大学邀请去做报告。

1984 年，美国 CDC 公司在北京的销售代表了解到中国研制出了比 AP-120B 还先进的 150-AP，对中国有能力设计制造如此高性能的计算机感到震惊。于是，他向 CDC 公司总部提交了报告，想要和中国科学院计算技术研究所合作，由 CDC 公司生产主机，计算技术研究所生产数列处理机，共同在中国市场中推广应用。同时，邀请夏培肃去美国 CDC 公司总部进行技术谈判。CDC 公司是当时仅次于 IBM 公司的大型计算机公司。CDC 公司销售了赛伯系列的大型计算机给石油工业部，但是 CDC 公司的高速计算机则因为禁运的原因，不能出口到中国。1985 年，夏培肃到达 CDC 公司总部后，和该公司的技术人员交流了 150-AP 体系结构的相关内容。CDC 公司负责国际业务的副总裁和夏培肃进行了会谈，表示期待双方的合作，并希望在以后继续交流新的设计思想。这是一项对双方都有益的合作，后来由于当时美国政府的阻挠未能成功。

回首 150-AP 的整个研制过程，不难发现，这是中国石油技术人员基于国外先进技术学习、总结、创新的过程。面对国家花高价引进的外国设备，他们没有坐享其成，而是在"自力更生"的精神指引下，通过持续不断的自主创新，实现了一系列突破，这对于当时打破资本主义国家的技术垄断，具有非凡的意义。

2015 年 9 月 22 日，来自海内外的物探局研究院老同志，一群追梦人久别重逢，畅谈研究院的创业史和奋斗史，共叙战友情谊，回味那激情奉献的年代（图 1-38）。

图1-38 2015年9月22日，涿州，来自海内外的物探局研究院老同志合影

银河工程
创新与超越

◎ 背景

　　石油地球物理勘探对于高性能计算机的需求是无止境的。地震勘探资料采集、处理和解释的技术水平，主要是受限于当时计算机设备的存储能力和计算能力。对于地震采集来说，覆盖次数越高越好，分辨率、信噪比越高越好，这代表着地震采集数据量会成百上千倍地增加。所以，需要存储速度更快、存储容量更大、计算速度更快的计算机，150计算机很快就无法满足地震勘探技术不断发展的需求。当时的巴黎统筹委员会，对所有社会主义国家都设置了高性能计算机不出售、不出租的界限。

　　20世纪70年代，计算机进入巨型机时代。1976年，美国Cray公司研制出超级计算机Cray-1，速度达到每秒8000万次，是当时世界上最快的计算机。而当时中国在巨型机领域一片空白。由于没有高性能计算机，我国勘探的石油矿藏数据和资料如果送到国外去处理，不仅费用昂贵，而且受制于人。当我们提出进口一台性能不算很高的计算机时，对方却提出：必须为这台机器建一个六面不透光的"安全区"，能进入"安全区"的只能是巴黎统筹委员会的工作人员。

1978年3月，全国第一次科学大会在北京召开，中国迎来了科学的春天。此后，党中央在重要会议上，正式下决心研制亿次巨型计算机，以解决我国现代化建设中的大型科学计算问题。主持会议的邓小平同志将这一任务交给了国防科委，并点名要国防科技大学承担研制任务。时任国防科委主任张爱萍上将向邓小平立下"军令状"：一定尽快研制出中国的巨型计算机。

时任国防科技大学计算机研究所所长慈云桂教授担任了"银河-1号巨型计算机"研制的总指挥和总设计师。国防科委副主任张震寰对国防科技大学提出的要求是：运算速度一次不能少，研制时间一天不能多。

研制亿次巨型计算机，谈何容易？改革开放之初，我国技术落后，资料匮乏，西方国家又对我们实行技术封锁。国防科技大学虽然是国内最早研制计算机的单位，但此前为远望号测量船研制的151计算机，每秒运算速度只有100万次，而现在要研制每秒运算一亿次的机器，计算机运算速度要提高100倍，其困难不言而喻。

当时，大家只有一个信念，全力以赴造出自己的巨型机，大家把它叫"争气机"，就是要争一口气，不让外国人再卡我们的"脖子"。研制工作迅速展开之后，各种复杂技术问题随之而来。走什么样的技术路线？采取什么样的体系结构？如何实现每秒一亿次的运算速度？问题像一个个"拦路虎"。以慈云桂为代表的科研人员，组织精兵强将攻关，对新技术、新工艺、新理论进行不断探索，闯过了一个个理论、技术和工艺难关，攻克了数以百计的技术难题，创造性地提出了"双向量阵列"结构，大大提高机器的运算速度。天道酬勤，5年没日没夜的顽强拼搏，提前一年完成了我国第一台命名"银河"的亿次巨型计算机——银河-1号巨型计算机的研制任务，系统达到并超过了预定的性能指标，机器稳定可靠，且经费只用了原计划的五分之一。

银河机相比国际主流巨型机在多个方面有创造性的发展，例如创造性的双向量阵列全流水化体系结构；选用了高速动态金属氧化物半导体集成器件（MOS）做主存，使亿次机容量远远大于当时国外主流巨型机的容量，而国外在两年后才开始使用 MOS 做主存；独特的风冷散热系统，等等。风冷技术是为了避开水冷技术的困难而创造出来的，设计了楔形柱状管道结构，进行等压短风道送风，风力非常强劲。

1983 年 12 月 26 日，由张爱萍将军命名并题词的"银河"亿次计算机在国防科技大学顺利通过国家鉴定，主机平均无故障时间长达 441 小时，远远超过鉴定大纲的要求，达到了国际先进水平。银河 –1 号巨型计算机填补了国内巨型计算机的空白，打破了西方大国在超高性能计算机上对中国的封锁，标志着中国成为继美、日等国之后，少数几个能够独立设计和制造巨型机的国家之一，并在石油勘探、气象预报和工程物理研究等领域广泛应用。150 计算机研制工程、先进计算机技术的引进和银河工程推动了数字地震勘探技术的应用和发展，标志着中国计算机技术已经发展到一个新阶段。

◎ 齐心协力　共创"826"工程

时任国务院副总理余秋里和石油工业部部长康世恩一直都关注着国内外石油工业的进展。他们十分清楚，地震勘探需要高速计算机，越快越好，没有止境。在银河巨型机研制期间，他们一直悉心关注进展。1982 年 1 月 9 日，银河计算机研制成功的前夕，他们向石油工业部批转了国防科委的《亿次电子计算机研制进展情况报告》，指示石油工业部组织科技人员进行考察研究，组织在石油工业中使用银河机的可行性论证。

1982 年 2 月 4 日，物探局党委书记严衍余带领陈建新、马在田、王宏琳等，组成专家组到国防科技大学（图 1-39）进行了为期五天的调研。国防科技大学慈云桂、陈福接、周兴铭、胡守仁等热情地接待了他们（图 1-40）。国防科技大学电子计算机系的相关人员详细介绍了银河机的体系结构和研制情况，并带专家组到银河机房参观考察银河机的结构、工艺、可

▲ 图 1-39　1982 年，长沙，国防科技大学校门

▲ 图 1-40　1982 年，国防科技大学计算机研究所所长陈福接（左一）在国防科技大学与陈建新合影

▲ 图 1-41　1982 年，长沙，银河-1 号巨型计算机巨型机

靠性、稳定性及运行情况。

当时银河机正处于准备国家级的技术鉴定期间，专家组还是第一次见到一个圆柱体结构的亿次计算机（图1-41），对国防科技大学能研制出如此高性能的、可以跨入世界前列的计算机感到十分钦佩。随后，专家组与电子计算机系的老师用了几天时间，进行了全面而深入的探讨，最终达成了共识：银河机主机性能稳定可靠，具有大容量、超高速、向量运算等优点，符合地震勘探数据处理高速运转的需要。但银河机原本是为国防、气象需要而研制的，数据输入输出处理的速度较低，不能适应地震海量数据输入输出处理的特点。为了解决这个矛盾，必须为银河机配置前端

机和连接接口。如此一来,对地震作业需要高速计算的部分可分配到银河机上完成,其他部分则分配到前端机上处理,构成一个功能分布式的处理系统。这样既克服了银河机通道传输慢的问题,也能充分发挥银河机高速运算的优势。此外,还必须为银河机研制用于地震资料处理的操作系统、应用软件,并配置相关的软硬件等。完成上述工作后,银河机就能用于石油地震资料的处理。

要实现这个目标,在技术上面临严峻的挑战和风险。要建立一个大型功能分布处理系统,在国内还是首次,没有经验可借鉴,有诸多的技术难关需要解决,需要投入的资金和人力也是巨大的,必须作为一项工程来实施。

1982年2月10日,即考察结束的第二天,专家组向石油工业部副部长李天相等汇报了考察情况。为做好配套方案设计工作,物探局研究院成立了方案组,经过约一个月的认真研究及与国防科技大学的密切交流,做出了银河机用于石油地震数据处理的配套方案、资金投入和工作计划。3月9日,方案组向物探局党委书记严衍余等做了详细汇报,方案得到认同。3月12日,国防科委和石油工业部的相关领导听取了方案报告,双方表示要通力合作,把这项工作做好。为落实会议精神,3月21日,物探局副局长潘瑗亲自带领陈建新、王宏琳等16位软硬件技术人员到达长沙,与国防科技大学银河机的研究人员再次进行深入交流,并于3月29日拟定出《银河地震数据处理系统工程配置的建议》。

在此期间,为了推进银河机用于石油勘探的进展,时任国防科委副主任张震寰特意给石油工业部部长唐克写信,表达愿意继续完善方案,将银河机用于石油勘探数据处理。

这封信发出的第二天,也就是4月22日,石油工业部正在召开银河地震数据处理系统配套方案的汇报会,康世恩及石油工业部有关司局的领导都参加了会议。陈建新在会上汇报了银河地震数据处理系统配套方案(图1-42)。与会领导同意了该方案,预计投入资金一亿元人民币和200名技术人员。会议决定由李天相、赵声振、陆邦干组成三人领导小组负责银河工

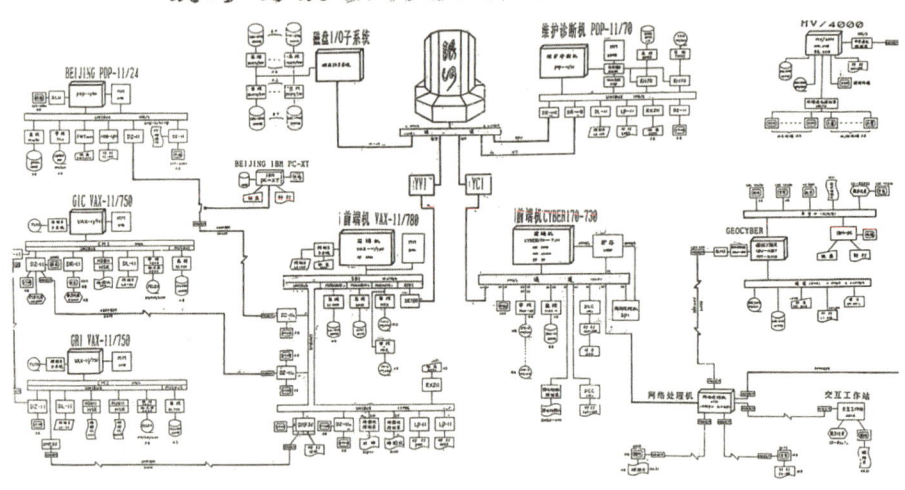

▲ 图 1-42　1982 年，银河地震数据处理系统配置图

程。最后，康世恩走到台前激动地说："我们非自力更生不行，一定要下定决心搞出自己的处理系统，把银河机配好套，搞出一个大型地震数据处理系统来。"

4 月 30 日，国防科委邀请石油工业部进一步会谈，双方交换了意见。对第二套银河机的配套，争取在 1986 年全面投入运行，希望国防科技大学能为银河机的研制和发展支援 200～300 人。至此，银河地震数据处理系统的配套方案基本确定。

同时，石油工业部一直与美国代表谈判，希望引进美国的 IBM3033 数据处理系统。20 世纪 80 年代是美国巨型机蓬勃发展、独霸市场的时代，巨型机被列为高科技产品。美国人拿出来谈判的 IBM3033 数据处理系统，其实是 1977 年就已经推出的产品。谈判一直僵持不下。银河机的出现，给事情带来了转机，美方得知物探局准备建设银河地震数据处理系统后，答应将 IBM3033 数据处理系统租给中方。

当时康世恩因病重住进了北京 301 医院，得知石油工业部即将与美国西方地球物理公司签订在中国建立石油勘探数据处理中心的合同后，6 月 5 日，他邀请石油工业部、物探局、国防科工委三方代表在医院会晤。经与唐克、李天相、严衍余、慈云桂等讨论，决定在物探局研究院以150、赛伯1724和IBM3033三种计算机为基础，加上银河机，组建大型数据处理中心。同时，要求银河工程协议书在一周之内报国务院备案。

会晤结束后，物探局与国防科技大学抓紧组织编制银河工程协议文本，6月14日，石油工业部与国防科工委签订《银河地震数据处理系统工程协议书》。之后，国防科技大学与物探局通过多种方式，辗转于两地讨论研究，于8月26日完成了《银河地震数据处理系统工程合同》，简称"826"工程，合同中详细阐述了银河地震数据处理系统软硬件的配置、性能指标、验收标准、工程进度与分工，以及工程预算等项条款。8月30日，物探局与国防科技大学在石油工业部举行了签字仪式，严衍余与慈云桂作为双方代表人，正式签订了合同。

工程合同签订后，经国家经济委员会批准，研制工作正式开始。石油工业部物探局研究院和国防科技大学计算机研究所立即组织人力、物力，开展研制和开发工作，由国防科技大学计算机研究所负责银河主机系统、通用软件系统、主机与外围机软、硬件接口，以及网络软件的研制；物探局研究院负责地震应用软件系统的研制开发和前端机、网络的配置。同时，华中工学院、复旦大学、中国科学院计算技术研究所、大庆油田开发研究院等单位也承担了部分应用软件的研制；与北京市科委发展战略研究所合作，建立了北京远程工作站；中国人民解放军总参谋部通信兵部帮助解决了远距离数据传输的问题。

12月13日，物探局确定了银河工程办公室，由陈建新任主任，王宏琳、马其毅任副主任，主要成员为李根有、赵振文、周继康、张渝歌。期间，江汉油田、四川石油管理局加入进来，与国防科技大学一起研讨并行算法、三维试算等。

不久后，IBM3033数据处理系统的引进工作也开始向前推进，美国正式同意将计算机出租给中国。

◎ 团队建设　赴法学习深造

因银河机特殊的风冷系统，需要为其建造专门的机房。机房由物探局和中国科学院建筑设计院共同设计，于1983年10月完成，当年底正式破土动工。1984年10月，三叠式的机房竣工。

同时，为了推进银河地震数据处理系统工程，物探局在国防科技大学投资修建协作楼，供物探局研究院参与银河工程的工作人员住宿和办公，从1982年到1986年的四年间，物探局研究院与国防科技大学的相关工作人员频繁地交流讨论。1983年3月，研究院组成70人的软硬件攻坚队，分赴国防科技大学开始工作。与此同时，研究院与国防科技大学共同选派了28人，由陈建新副院长和金祖荣副院长带队，于当年4月分期分批赴法国巴黎和伏尔泰接受为期四个月的赛伯730计算机培训（图1-43、图1-44）。

▼ 图1-43　1983年4月，法国巴黎，"826"工程部分人员合影

Control Data, centre technique européen forme aussi des ingénieurs chinois

Les ingénieurs chinois lors du stage de l'été dernier à Ferney-Voltaire en compagnie de MM. Jean-Paul Lenoir, Jean-Noël Germain, Roland Farys, Christian Seignobosc et Bruno Martini.
Photo Jean MORIN

▲ 图 1-44 1983 年 4 月，法国伏尔泰，"826"工程部分人员与法国 CDC 公司技术人员合影（左一张治安、左三付长恩、左五张大卫、左六陈建新、左八李春山、右一刘可重、右四杨重芳、右五张治明）

▲ 图 1-45 1983 年 5 月，法国巴黎，"826"工程部分人员在法国 CGG 公司考察学习时合影（前排左起：樊天成、胡国栋、刘发尧、张治明、李旭、王康立、付长恩、张治安、王文良，二排左起：郦风根、刘可重、杨重芳、方金明、陈建新、CGG 公司人员、CGG 公司人员、金祖荣、王培良、王明亮、李春山）

在法国期间，陈建新等去 CGG 公司考察学习（图 1-45），了解到该公司正在组织力量为克雷（Cray-1）亿次机研制地震数据处理软件，同国内银河工程的选择一样，在研究用于地球物理勘探的软件。他们的研制团队有几百人，并有麻省理工学院作为支撑，可谓阵容强大。这个信息给大家增添了信心和力量，这不仅说明银河机同样可以用于石油地球物理勘探，而且说明我国对于亿次机用于地球物理勘探的研制工作与国外处在同一起跑线上，如果加快速度，不但能够缩小与世界先进水平的差距，还能同步前进。正是这一信念，激励着银河工程这一不足百人的队伍，凭着一腔爱国热情和奋进之心，在四年内完成了银河工程的建设。

在法国四个月的时间里，研究人员认真学习，相互切磋，克服生活和语言上的障碍，掌握了赛伯 730 系统的关键技术，对银河工程的研制和赛伯 730 系统的维护打下了良好的基础，1983 年 8 月 18 日，从巴黎返回到涿县和长沙的团队，立即开始投入到银河工程的研制中。

◎ 不惧困难　攻克技术难关

银河工程的配套方案需要引进两台前端机。1983 年，物探局与法国 CGG 公司签订合同，引进了一台 CDF 公司的赛伯 730 系统，由国防科技大学负责引进了一台 VAX/780 计算机。

同时，1983 年 5 月，物探局租用了美国西方地球物理公司每秒 2000 万次 IBM3033 数据处理系统。租费中，有三分之一用于软件购买，三分之一用于硬件维护，三分之一用于接待所有来华的美方人员。为此，物探局专门在涿县建了一个在当时颇有档次的小招待所，供美方专家及其家属居住。

这些出租给中国的计算机，比原性能降低了 25% 到 50%。之前引进的赛伯 1724 机，运算速度应当是 200 万次/秒，但计算机进入中国之后，发现速度降低到 100 万次/秒。王庆瑜、付长恩在维护赛伯 1724 机的过程中，经分析研究，发现问题主要集中在主频（图 1-46）。于是，根据维护手册，

▲ 图 1-46　1982 年，王庆瑜在物探局赛伯 1724 机系统机房

他们仔细在复杂的逻辑电路图中查找到主频的跳线插头，经更正后，让计算机的速度达到 200 万次 / 秒。此外，赛伯 1724 机的数列处理机 MAP Ⅱ 上有个外围处理机，运行一圈后会空转一圈，运行速度大大降低，崔功利发现了问题，王宏琳找到了植入代码，编制了新的程序恢复了外围处理机的正常功能，使计算机的运行速度提高。

IBM3033 数据处理系统引进时，美方还提出了一个附加条件：必须为这台机器建一个六面不透光的"安全区"，能进入"安全区"的只能是巴黎统筹组织的工作人员。机器在机房的应用范围和软件开发都受到美方的监视与限制，就连石油工业部唐克部长想要现场参观也被拒之门外，作为技术出身并一直领导研制国产计算机地震数据处理系统的陈建新，无法形容当时倍感屈辱的心情，深感责任重大，只有尽快建成属于自己的超级计算机处理系统，不断创新才能彻底打破这种技术上受制于人的困局。

从 1984 年开始，银河工程全面展开，进入攻坚阶段，各项工作按计划紧张有序地进行着，银河计算机的培训也相伴而行（图 1-47、图 1-48）。陈建新是物探局银河地震数据处理系统项目总负责人，也是银河工程协调

奋斗者的脚步
——中国石油计算机应用与信息化建设历程

▲ 图 1-47 1984年5月15日,国防科技大学,银河计算机第一期培训班结业合影

▲ 图1-48 1984年5月，国防科技大学电子计算机系领导与"826"工程部分成员合影（前排左四苏克、左五王振青）

工作组组长，与陈立杰、王宏琳一起组织和领导了整个系统配套方案的调研、方案论证、总体设计、工程的实施和推广应用等工作，在一些重大技术原则的决策和技术关键问题的解决中发挥了重要作用。

在国防科技大学和物探局的组织领导下，项目团队完成了银河工程的方案设计。银河地震数据处理系统硬件部分包括银河主机系统及磁盘子系统，两台前端机及其接口，局部网络和远程工作站；软件部分包括银河地震操作系统软件、地震作业分布处理管理系统软件、地震数据处理应用软件包、偏移成像系统软件、三维地震处理软件、应用模块移植软件工具、前端机接口软件、局部网络、远程工作站通信软件和标准子程序等。

银河地震数据处理系统是以银河巨型机为中心，配有两套前端用户机和网络系统的大型的功能分布式处理系统。这样规模的多机复合地震数据处理系统，在国内还没有先例可以借鉴，尚属首次。在建立这个系统过程中，主要解决了4个技术关键。

第一，异型机的连接。银河巨型机和两台前端机的机型各异，内置设备共有 230 台，操作系统不同，数据结构有明显差别，运行速度也相差悬殊。要实现这样三种机型的连接，技术上的难度较大。物探局研究院和国防科技大学的技术人员详细研究分析了三种机型的资料，提出了多种技术方案，经过反复讨论、修改和试验，采用扩充操作系统功能的办法，新建一个子系统，解决异型机之间不同类型字符和不同字长数据的传输问题，研制银河机与一号前端机、银河机与二号前端机的硬件和软件接口，实现异型机的连接。杨重芳是当时的硬件组组长（图 1-49），负责完成了银河主机与前端机的接口，制定接口方案，负责逻辑设计和系统联调，编写全套技术资料。国家技术检测认定该套接口各项技术指标与美国 Cray-1 公司产品功能相当，在双外围线（简称 PP 线）提高传输率上实现了技术创新。

第二，建立功能分布处理系统。功能分布式处理系统可以发挥银河机与两台前端机的特长，实现多机间相互依赖的地震作业步骤管理。为了实现三种异型机的连接，构成功能分布式的处理系统，国防科技大学计算

▲ 图 1-49 1985 年 4 月，国防科技大学，银河机房，银河机前端接口部分研制人员合影（前排左三杨重芳）

机研究所和物探局研究院的技术人员经过反复研究和讨论，拟定了技术方案。国防科技大学计算机研究所的技术人员进一步完善和修改了银河主机的操作系统，改善了磁盘的传输性能，提高了输入输出效率。物探局研究院的技术人员成功研制了地震作业分布式处理管理系统软件，实现多机之间相互依赖的地震作业步骤管理。通过以上工作，解决了异型机连接过程中的技术难点，实现了多机复合的分布式处理。其中，王宏琳负责了地震作业分布式处理管理软件的设计和程序编制，解决了把用户提供的单一地震作业各处理功能自动分布到不同计算机的技术问题，以及异型机间地震数据以透明方式高效传送技术问题。这项工作系国内首创，国外也未见先例。

第三，设计地震应用软件。这是银河地震数据处理系统建设的重头戏。技术人员消化、吸收了国内外地震数据处理的最新技术，并有所创新。在研制地震应用软件系统过程中，物探局研究院的软件人员查阅了IBM3033计算机系统、VAX数据处理系统、赛伯数据处理系统，以及其他系统的有关资料，结合我国的具体情况，选定了以赛伯数据处理系统的应用软件为蓝本，吸收其他处理系统的优点，并注意吸取国内外最新研究成果和方法，拟定了地震应用软件系统的研制方案。经过3年多时间的努力，基本完成常规地震处理、偏移成像处理、三维处理、模型模拟处理及部分特殊处理的研制与开发任务。常规地震处理手段达到国外20世纪80年代初的水平，某些特殊处理模块具备当时国际先进水平，甚至具有独创性。通过1986年的试处理生产，取得了预期的效果。为提高处理效率，软件技术人员特别注重向量化技术研究，包括有关单道处理、多道处理和图像生成等的向量化技术。在应用程序编写中尽量采用向量化算法，核心子程序用银河机汇编语言编写，充分发挥了银河机向量运算速度高的优势。

物探局还曾经与华中工学院联合成立并行计算研究所，开展地震数据处理并行计算研究。地震应用软件的研制工作是由人称银河机的"钢杆"赵振文负责的。1984年冬，他与专用软件组的同志一起，共同"调通第一流程14个模块，并与地震操作系统联调，效率必须达到'赛伯1724机'10

倍"的军令状要求，南下长沙，在国防科技大学进行研制工作。在赵振文和专用软件组全体同志的共同努力下，第一流程的 14 个模块与地震操作系统联调成功，效率按要求达到了赛伯 1724 机的 10 倍，有的模块还分别达到 30 倍和 50 倍。专用软件组就这样用自己的智慧和心血开发了国产巨型机应用于石油地球物理勘探的第一批软件，把第一期软件配套工程完成的时间提前了半年。此外，赵振文还先后完成了波动方程偏移程序，并与其他同志一道，完成了一步法三维偏移程序。这些程序在银河机的应用中见到了明显效果。特别是他精心设计的子系统，比赛伯 1724 机同功能模块处理效率高 23 倍，其功能与效率均达到了当时国际先进水平。串联偏移是 1986 年上半年国际刚推出来的一种新的偏移方法，而一步法三维偏移在国际上也很少见。这套偏移子系统无论是在功能上还是在效率上，均达到了当时国际先进水平。协作单位的一些专家，也参与和指导了应用软件研发，例如，复旦大学吴立德教授研究了速度分析新技术，华中工学院王能超教授研究了自动剩余地震静校正程序技术，国防科技大学李晓梅教授研究了地震模型模拟技术。

银河地震数据处理系统处理的水平叠加剖面、速度谱、模型模拟、三维切片及三维箱式展开图如图 1-50 至图 1-54 所示。

第四，全系统的稳定与可靠。 由于系统庞大，应用环境复杂，资源管理困难，要求对银河机操作系统、磁盘子系统等做较大的改进和扩充，以保证全系统的稳定可靠运行。为了发挥银河机向量运算速度高的优势，软

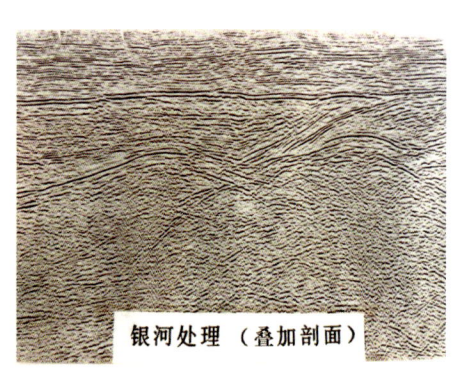

▲ 图 1-50 水平叠加剖面

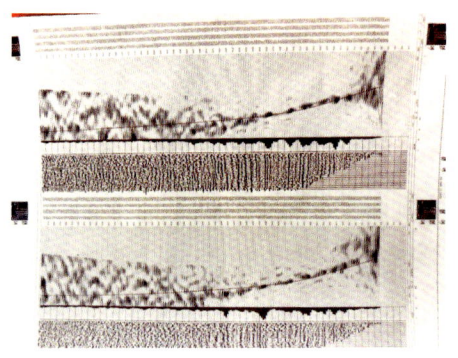

▲ 图 1-51 速度谱

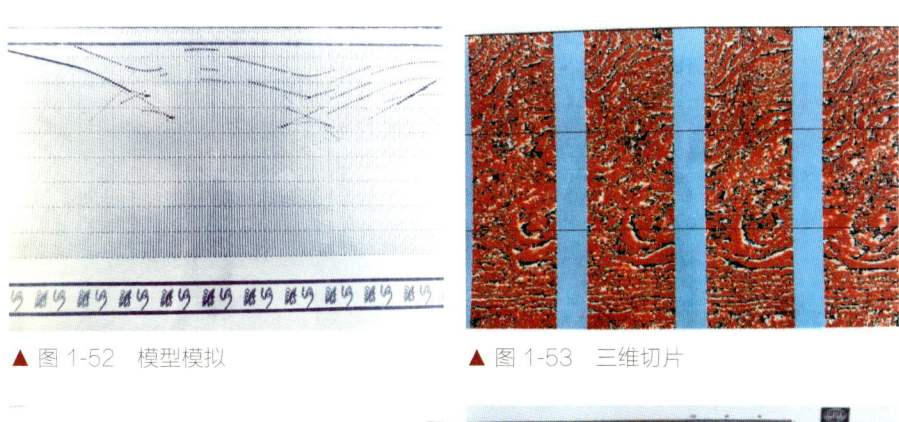

▲ 图 1-52　模型模拟　　　　　　▲ 图 1-53　三维切片

▲ 图 1-54　三维箱式展开图

件人员在软件设计中尽量采用并行算法，以及其他程序优化技术，使软件质量和处理效率有了成倍增长。如地震模型模拟软件采用并行算法后，处理效率提高了 5~12 倍。偏移成像软件采用并行算法后，处理效率为赛伯 1724 机的 20 倍以上。

其中，黄克勋组织了主机系统联调，负责计算机硬件磁盘子系统的改进与研制。马其毅负责硬件安装调试和系统改进。谈正信通过技术改进将磁盘 I/O 能力提升了一倍以上，增添了磁盘报错信息。在他们及周继康（负责银河地震操作系统研制）、刘金成（负责节点操作系统 NOS 站的软件研制）等的共同努力下，系统日臻完善、逐步稳定，最终使银河系统性能达到设计指标，可靠性大幅增强，成为一套稳定、可靠、功能可扩充性强、报错能力强、系统开销少的系统，达到当时国际同类产品水平。

同时，周守本带领 VAX/780 接口组 10 名成员参加银河前端机 VAX/780 的接口研制，解决了异种计算机之间的通道问题，这种设计与应用在国内是首次实现。崔学群带领硬件接口组负责另一台前端机赛伯 730 接口的研制，成功研制出灵活、高效、可靠的接口，解决了异型机能否连接成功的关键问题。孙福来带领模块自动移植组人员完成大型综合性软件移植工具 CTY 的研制等工作。颜俊华带领特殊处理模块组人员研制同态反褶积滤波处理，测网加密软件及地震数据格式转换并行化技术等工作。钱新负责研制的银河地震模型模拟系统软件，在国内居领先地位。

1985 年底，系统功能渐趋完善，银河机开始对地震资料进行试处理（图 1–55），完成地震偏移剖面 23765.2 千米；完成辽河曙光油田 50 平方千米的三维地震资料处理；完成辽河、青海两地区共 2000 千米地震资料的常规处理任务；为广西百色盆地和华北地区南马庄、廊坊等地进行了 10 条剖面的地震处理，绘制出剖面图等各种成果图件 188 幅；为中国气象局、北京市科委等协作单位提供了 3000 小时的科学计算机时。

试处理结果表明，地震数据处理模块运算正确，主要模块的功能达到使用要求，所得到的地震剖面质量良好，与赛伯数据处理系统同类型模块处理出的剖面一致。整机效率相当于赛伯 1724 机（带 MAP Ⅱ 数列处理机）的 10 倍以上（图 1–56）。

▲ 图 1-55　1985 年，涿县银河机房，技术人员通过前端机对银河机进行维护诊断

▲ 图 1-56　1985 年，涿县，协同分析资料处理结果
（前排左起：钱新、王宏琳、颜俊华、马其毅、周继康、赵振文，后排左起：崔学群、刘金成）

银河地震数据处理系统于 1986 年 5 月基本建成，随后进入测试考核阶段，先后五次对银河主机硬件系统、主机软件系统、电源系统及两个接口作了分项正确性、技术性能指标和功能测试，10 月、11 月分别进行了一次全系统正确性、稳定性考核（图 1-57）。之后国防科工委和石油工业部联

▲ 图 1-57　1986 年，涿县银河机房，银河地震数据处理系统全体硬件人员合影

合组织了由各方专家组成的技术检测组，对全系统再次进行了全面测试考核，考核认为系统达到了银河工程合同中规定的各项指标。10月6日，在慈云桂教授的主持下，召开了银河工程的总结分析会议，认为银河工程的研制任务已经完成，为此，慈云桂建议银河工程提交国务院电子振兴小组进行国家级鉴定。

◎ 振奋人心　通过国家级鉴定

国家级鉴定意味着银河工程将接受国家最高技术等级的检验、考核和评价。为了抓紧做好这项工作，银河工程办公室与国防科技大学、国防科工委商议了国家级鉴定的有关问题，在10月11日、13日分别向石油工业部和国防科工委汇报。李天相批复同意，并强调鉴定工作要按国防科工委的要求进行，是军转民的一项重大成果；国防科工委聂力建议提高鉴定规格。随后，银河办公室立即向国务院电子振兴领导小组副主任汪学国递交了银河工程国家级鉴定的申请，在11月17日得到批准。

1988年10月8日，国防科技大学校长张良起与物探局党委书记严衍余看望"826"工程部分研制人员、合影留念并题词（图1-58、图1-59）。

1987年2月10—11日，石油工业部和国防科工委联合在涿州举行了银河地震数据处理系统国家级技术鉴定会议。会议由国家技术鉴定委员会主任委员、国务院电子振兴领导小组顾问李兆吉主持，鉴定委员会由71人组成，其中有张效祥、慈云桂、夏培肃、金怡廉、杨芙清、高庆狮、陈火旺等计算机界的知名专家，以及阎敦实、孟尔盛、俞寿朋、陈祖传等石油地质和物探专家，共186位代表参加了会议（图1-60）。鉴定委员会和全体代表听取了银河工程的研制报告、技术报告、应用软件报告、技术检测报告、资料审查报告和用户使用报告，审阅了各项有关的技术资料、图表，对银河地震数据处理系统的运行情况进行了考察（图1-61、图1-62）。经过认真讨论，鉴定委员会一致通过银河地震数据处理系统技术鉴定（图1-63），他们表示，银河地震数据处理系统是从我国国情出发，自行设计、

▲ 图 1-58　1986 年 10 月 8 日，国防科技大学校长张良起（前排左五）、物探局党委书记严衍余（前排左六）与"826"工程部分研制人员合影

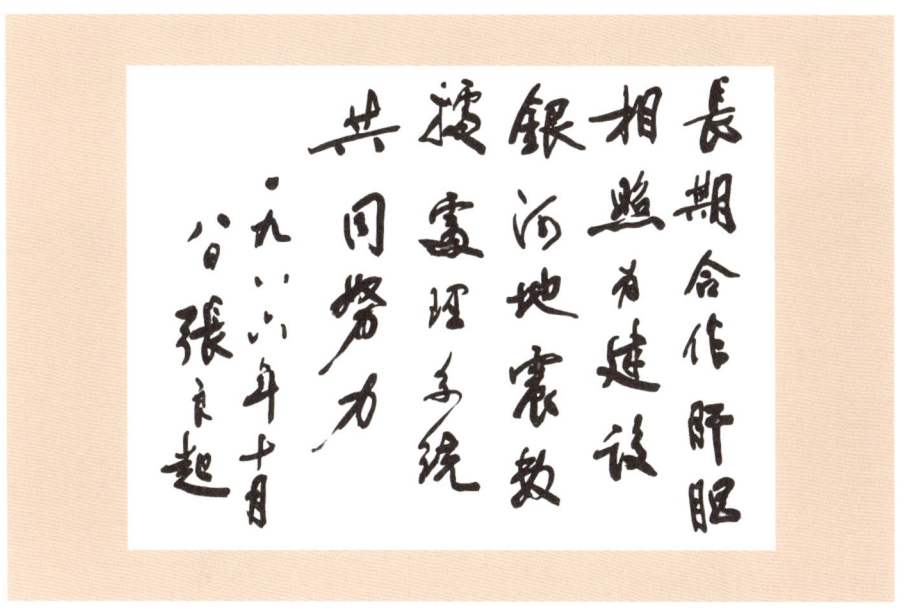

▲ 图 1-59　1986 年 10 月 8 日，国防科技大学校长张良起为银河地震数据处理系统题词

奋斗者的脚步——中国石油计算机应用与信息化建设历程

▼ 图1-60 1987年2月10—11日，涿州，银河地震数据处理系统国家级鉴定委员会委员合影（前排左起：张祥昌、张效祥、李庄、夏培肃、洪明光、金久源、慕云桂、吴几康、李兆吉、莫力、阎敦实、胡铅恒、陆邦干、潘荧、孟尔盛、张修）

▲ 图 1-61　1987 年 2 月 10—11 日，涿州，银河地震数据处理系统国家级技术鉴定大会会场

▼ 图 1-62　1987 年 2 月 10—11 日，涿州，物探局局长潘瑗（左一）、陈建新（左二）、夏培肃（左三）和胡启恒（左四）亲切交谈

▼ 图 1-63　1987 年 2 月 11 日，银河地震数据处理系统国家级技术鉴定书

研制和开发的第一个大型地震数据处理系统。由改进后的银河主机系统、两台前端机系统、地震应用软件系统和银河网络系统等所构成的大型复合分布式系统，性能良好，运行稳定可靠，资料处理结果正确，效果良好，整机效率相当于赛伯1724机的10倍以上。该系统的技术指标达到国内先进水平，缩小了与国外的差距，是我国的一项重大研究应用成果。

2月12日，国防科工委委托石油工业部在物探局召开"银河地震数据处理系统国家级技术鉴定和投产庆祝大会"（图1-64、图1-65）。会议在物探局大礼堂举行，来自石油工业部、国家科委、国防科工委、河北省委等所属系统的领导、专家、学者1400人参加了会议，盛况空前。国务委员兼国防部长张爱萍为大会发来贺电（图1-66），国务委员康世恩、宋健，国家经委主任吕东，石油工业部部长王涛，国防科工委主任丁衡高、政委伍绍祖，河北省省长解峰等领导到会祝贺。会上，陈建新做了银河工程研制报告，康世恩、王涛分别讲话。

▲ 图1-64　1987年2月12日，涿州，银河地震数据处理系统投产庆祝大会会场

▲ 图1-65 1987年2月12日，涿州，康世恩、宋健等与银河地震数据处理系统国家级鉴定委员会及"826"工程部分研制人员合影

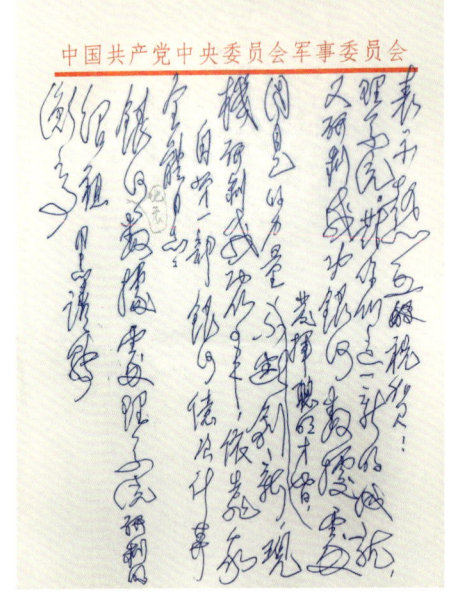

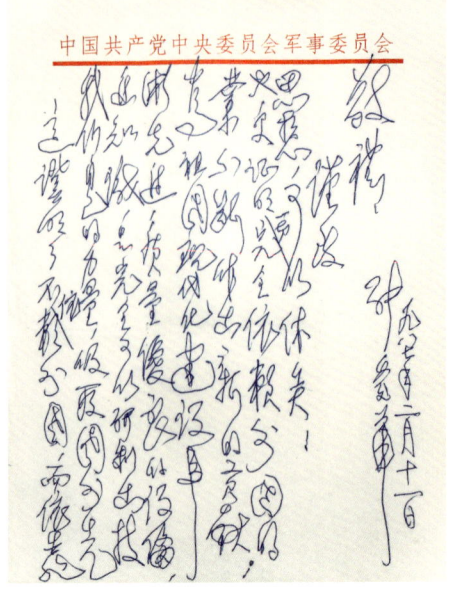

▲ 图1-66　1987年2月，张爱萍将军贺电

康世恩指出：银河地震数据处理系统正式投入生产，这是我国科学技术发展的一项重大成就。银河地震数据处理系统建设投产，标志着我们国家不仅有研制亿次计算机的能力，而且能够把这项技术成功地应用到石油、天然气的勘探和开发上来，它是党中央、国务院关于加速军用成果向民用转换方针所取得的一项重大成就，它是坚持自力更生的结果，是加强部门与行业之间横向联系和技术合作，充分发挥各自的优势，大力协作的结果。

王涛指出：银河地震数据处理系统的研制成功，为我们的亿次计算机立足于国内，依靠自己的力量，壮大计算机能力开辟了一条新路子。银河地震数据处理系统建成投产，具有三方面重要意义：一是可以增加地震资料处理量；二是可以促进计算机技术发展；三是可以加强我们在国际上的反限制能力。银河地震数据处理系统建成投产，是贯彻党中央、国务院关于军民合作的方针，发挥自力更生、艰苦奋斗、勇于创新的精神，实行科研、设计、制造、使用单位相结合的成果。它说明，加速石油工业科学技术的发展必须依靠各方面的力量，充分发挥各个部门的优势，集中国内各种先进技术成果，努力学习引进国外先进技术，搞好借鉴、吸收、创新工作，提高我们的技术。

会后，与会领导和专家进行了亲切交谈（图 1-67、图 1-68）。

▲ 图 1-67　1987 年 2 月，涿州，国务委员康世恩（左三）、国家科委主任宋健（左二）、河北省省长解峰（右二）、石油工业部部长王涛（左一）、物探局党委书记严衍余（右一）亲切交谈

▲ 图 1-68　1987 年 2 月，涿州，国家地震局局长安启元（原物探局局长，右一）与著名地球物理学家翁文波（左一）、物探局局长林运根（中）亲切交谈

◎ 成就喜人　再获国家级奖

1987 年 7 月，银河地震数据处理系统荣获国家科学技术进步奖一等奖，获奖人员依次是陈建新、陈立杰、王宏琳、黄克勋、赵振文、杨重

芳、马其毅、周继康、刘金成、周守本、崔学群、谈正信、孙福来、颜俊华、钱新。银河地震数据处理系统的研制成果，为石油勘探开发提供了强有力的手段，积累了研制我国大型计算机应用系统的宝贵经验，并培养锻炼了一支应用软件的开发队伍，标志着我国石油勘探开发应用软件达到了一个新的水平。

银河地震数据处理系统的基本建成，是军民结合和横向技术协作的成果，它不仅为地震数据处理增添了有力的手段，也锻炼培养了我们自己的计算机科技队伍，并在研究院形成了100余人的软件研究所，为进一步发展我们自己的更先进的地震数据处理应用软件系统准备了条件。

银河工程是发愤图强、开拓创新精神的体现，没有它的研发，就没有后来国外计算机及地震处理技术的部分解禁。引进、学习、借鉴、创新，石油勘探和计算机研究先辈们的不断探索，不断发展，形成了完备的地震数据处理系统，为我国石油勘探事业开创了新局面，也为后续的国产商品化地震数据处理、解释系统软件 GRISYS & GRIStation，以及后来的地震处理解释一体化系统 GeoEast 的诞生奠定了基础，逐渐拉近了与国外产品的距离，甚至实现了部分领先和超越。

银河地震数据处理系统，不但得到了余秋里、康世恩的推动，中国共产党中央顾问委员会副主任王震也十分关心。1987年7月15日，王震专程来到涿州物探局研究院，视察银河地震数据处理系统的运行情况，对系统的成功研制表示了称赞，并富有激情的讲道：洋人没什么可怕的，只要坚持独立自主、自力更生的道路，我们一定会赶上和超过他们。他还即兴写下了"向苏美技术比赛"的题词（图1-69）。1979年7月13日，王震担任国务院副总理时，也曾来研究院考察过计算机的应用情况。

国防科技大学计算机研究所是一支能打硬仗打胜仗的科技尖兵。他们成功研制银河-1号巨型计算机，实现我国巨型机零的突破。之后，该所又相继成功研制出一系列高性能的巨型机银河Ⅱ、银河Ⅲ……，在我国计算机事业发展史上树立起一座又一座的丰碑。2004年，在北京人民大会堂隆重纪念我国重大国防信息工程二十周年座谈会，陈建新有幸参加了这一活

▲ 图 1-69　1987 年 7 月 15 日，涿州物探局研究院，中国共产党中央顾问委员会副主任王震（左一）视察银河地震数据处理系统并题词

动，并与国防科工委聂力副主任、周兴铭、陈立杰等在一起畅谈和重温成功研制银河地震数据处理系统过程中的军民合作、协同攻关、拼搏奋斗的历程，同时也展望了对巨型机应用与发展的未来愿景（图 1-70、图 1-71）。

▲ 图 1-70　2004 年 4 月，北京人民大会堂，纪念重大国防信息二十周年座谈会与会部分代表合影（左起：陈建新、周兴铭、陈立杰）

▲ 图 1-71 2004 年 4 月，北京人民大会堂，纪念重大国防信息二十周年座谈会与会部分代表合影（左起：彭心炯、陈建新、陈立杰、吴泉源、李思昆、胡守仁、聂力、周兴铭、杨晓东、黄克勋、袁国兴、周堤基）

弹指一挥间，时间又过去了十五年，国防科技大学的同志们与时俱进、奋勇前行、勇攀高峰。2009 年，中国首台千万亿次计算机"天河一号"超级计算机诞生；紧接着"天河二号"超级计算机惊艳亮相；2018 年，万万亿次的"天河三号"超级计算机再次荣登世界超算 500 强榜首，再铸辉煌。这已是在世界超算领域数度称雄，产生了历史性的巨变。我们为之振奋，这是民族的骄傲和自豪，他们对中国计算机事业的贡献让人敬畏，是我们学习的榜样。

中篇
国内地震数据处理能力发展历程

开启三维地震数据处理时代大型计算机

◎ 背景

20世纪70年代开始，随着油气勘探开发向更深、更复杂的方向发展，国际上三维地震勘探方法开始实际应用。三维地震勘探提升了发现新油气藏的技术手段和能力，降低了勘探费用和钻探风险，大幅度提高了勘探开发钻井成功率。

与二维地震勘探相比，三维地震勘探有以下几个方面优势：

（1）三维地震勘探观测灵活，适用于地形地物多变的复杂地区；

（2）三维地震勘探按三维空间进行成像处理，可以真实地确定地下反射面的空间位置，适应复杂构造和岩性油气藏勘探开发需要；

（3）三维地震勘探较为完整地包含了地震波的各种信息，振幅保真度更高，这对地震波反演的研究更为有利，因此三维地震勘探所得到的资料更有利于地层岩性油气藏的勘探和开发；

（4）三维地震勘探数据的立体完整性及显示技术的进步，推动了解释技术向自动化和人机交互解释的方向发展，对改变解释技术长期落后于地震数据采集和地震数据处理技术发展的局面，使其从手工阶段进入计算机自动化和人机交互解释阶段创造了条件。

三维地震勘探一般要比二维地震勘探获取高达数十倍的数据量，因此除了对三维地震数据处理技术要求提高以外，对计算机的计算能力和存储能力也提出了更大的要求。自1983年我国第一块三维地震勘探成功实施以来，三维地震勘探陆续开始在国内各油田推广应用，地震数据处理的数据量和计算量都有了巨大的增加，原有的以二维地震数据处理为主的150和赛伯1724等计算机系统已经不能满足三维地震数据处理的需要。在这种情况下，通过自主研发和海外先进计算机大规模引进相结合的方式来快速提升计算机运算能力成为那个时代的主流。计算机能力的提升有力地支持了三维地震勘探技术的推广应用。到1990年底，物探局研究院全年三维地震数据处理已达近3000平方千米（满覆盖），为当时我国的油气勘探开发突破发挥了重要作用。

◎ 提升能力　引进 IBM3033 地震数据处理系统

1983年10月28日，物探局研究院计算中心红灯高挂，彩旗飘扬。下午4时，石油工业部引进的IBM3033地震数据处理系统开工典礼在这里隆重举行（图2-1）。出席开工典礼的中方人员有时任石油工业部部长唐克、副部长李天相、总地质师阎敦实和物探局党委书记严衍余、局长林运根；美方人员有西方地球物理公司高级副总裁萨维特、美国利顿工业集团副总裁和日本IBM公司用户服务部主任、区域经理等。

开工典礼由物探局研究院院长陈启发主持。林运根首先致辞，他指出，IBM3033地震数据处理系统在中国的落成，是我国政府贯彻执行对内搞活经济、对外实行开放政策的一个具体体现，是中、美、日三国政府和人民友好合作的一个象征，必将进一步提高我国地震数据处理水平，促进我国

▲ 图2-1　1983年10月28日，IBM3033地震数据处理系统开工典礼（中左—唐克、中右—萨维特）

石油勘探开发事业的发展。接着，萨维特先生在致辞中指出：IBM3033地震数据处理系统开工典礼是双方密切合作的成果。这项合作对双方都是有利的，一方面可以促进中方的油气开发，另一方面美方人员也会向中方学到许多东西，对美方油气勘探也会有所帮助。他表示，今后要与中方加强合作，为中国石油天然气勘探多做点事情。随后，在悠扬的乐曲声中，唐克和萨维特一起为IBM3033地震数据处理系统开工剪彩。最后，与会代表分批参观了IBM3033地震数据处理系统和处理的首批地震剖面。

IBM3033地震数据处理系统是美国IBM公司制造，我们使用的IBM3033地震数据处理系统是美国西方地球物理公司研究开发的。IBM3033数据处理系统具有8兆字节内存，另配有64千字节的快速存取内存。中央处理器为3838型数列处理机，内存1兆字节。外部设备配备有32台3420型号磁带机，有4470兆字节的磁盘存储器、2台宽行打印机、2台读卡机。

辅助设备配备有1台GS6410显示仪、1台高精度的DIGCON显示仪、2台笔式绘图仪、2台脱机静电绘图仪、1台数字化桌、1台地震剖面缩放仪和复印机。西方地球物理公司为处理软件配置了240多个处理模块，常用的有70多个，其中有三维地震数据处理模块、叠后深度偏移模块、模型研究、子波处理、声阻抗分析等。这套地震数据软硬件系统的引进，大大提高我国地震勘探数据的处理能力和处理技术水平，促进我国石油勘探开发事业的发展。

1984年1月中旬，物探局研究院传出捷报，IBM3033地震数据处理系统首批处理的陆上资料89条测线计4000多千米地震剖面完成处理交付质量检验，其中550千米处理成果质检完成后交付用户，用户对新疆地区的地震数据处理质量尤其感到满意。物探局领导和有关技术人员听取了汇报，并检查了8条新疆地区的测井资料，认为处理后信噪比普遍提高，反射波连续性较好，断点位置清楚，深层反射也较清晰，整条剖面质量有了明显改善。这次承包新疆地区资料的第4处理组的13名同志，针对新疆地区沿线弯线较多的特点，试验了多种处理方法，选取了最佳处理方案，做到每一步都有中间监视。并对野外记录逐道进行显示，严格剔除无效道、炮记录，在核实坐标、取准速度，削除干扰上狠下功夫。由于他们的团结协作，严把质量关，终于使首批地震数据处理获得成功。

◎ 奋起直追　开启三维地震数据处理时代

1980年以后，物探局地震勘探重点向西部转移，地震数据采集与处理任务多来自塔里木和吐哈地区。1982年以后，国内其他探区，三维地震勘探陆续开展起来。研究院租赁的IBM3033地震数据处理系统投产，自此，研究院的处理技术和处理能力进入了较快的发展时期。一方面，根据合作规定，西方地球物理公司按月将新投产的程序传到研究院，保证了IBM3033地震数据处理系统的处理技术和世界先进水平保持同步；另一方面，研究院组织技术人员对引进的新技术进行消化吸收，对不足之处进行修改完善，并与西方地球物理公司技术人员进行技术交流，不断提高处理技术水平，使得研究院地震数据处理技术在国内保持了领先优势。这个时期，针对西部探区的地震数据特点，研究院在三维静校正、去噪和提高信噪比等处理流程方面，投入大量技术力量，开展处理方法研究和软件编制，取得了丰硕的成果，自此开启了三维地震数据处理时代。

1984年8月15日，研究院IBM3033地震数据处理系统三维地震数据处理组王家序等，在该系统上首次完成了胜利油田大王庄地区三维地震数据处理工作。该三维地震数据是物探局地调二处三维地震勘探队采集的，满覆盖面积为42平方千米，20次覆盖，共计2136炮。通过大王庄地区三维地震数据处理，基本确定了三维地震数据的处理流程，同时也培养了处理人员的三维地震数据的处理能力，为研究院下一步批量处理三维地震数据奠定了基础。

◎ 争分夺秒　挑灯夜战卸货忙

1984年1月19日晚上，北风呼呼地刮着，气温下降到零下十几摄氏度，可物探局研究院的八层大楼前却是灯火通明，人声鼎沸，抢卸进口货物的工作正在紧张地进行。

这天中午，IBM3033地震数据处理系统计算机机房46吨机房设备分两个集装箱，由塘沽新港国际运输公司的两辆大型平板运输车运到研究院。组织民工和部分职工卸了一下午也只卸下十几吨，还剩一大半没卸下来。按合同规定两辆大型平板车还要赶运其他出口物资，耽误一个晚上，要付款3000元不说，更重要的是会打乱两辆大型平板运输车的原定运输计划。怎么办？"我们夜里卸！"IBM3033地震数据处理系统领导决定开展夜战，突击卸货。大部分同志下班回家了，大家就相互转告。同志们闻讯后，纷纷赶来，家住十几里外的负责IBM3033地震数据处理系统工作的副院长邝少荣也搭乘班车赶来，副院长管忠、机房主任王湘民、党支部书记秦洪福也都赶来。家住附近的器件厂机加工车间副主任李德也前来帮忙。在院、室领导的带领下，30多名职工开始了抢卸货物的夜战。搬运货物的人员到位了，但搬运的工具少，同志们就人抬肩扛，卸的卸，搬的搬，有的排成长队把一些散件一件件传进楼里。虽然是数九寒天，同志们干得个个头冒热汗。经过3个多小时的紧张工作，40多吨货物安全卸完了。他们目送着两辆大型平板运输车按时从研究院开出，一个个心里有说不出的高兴。

◎ 主动作为　充分提高大型计算机的利用率

自1973年燃料化学工业部地球物理勘探局研究院地震数据地震数据处理中心建立起，大、中、小十几套计算机系统日夜不停运转，承担了全国石油勘探大部分地震数据处理和几十所高等院校、科研单位的算题任务，并且还承包了国外用户数据处理业务。从1978年至1983年底，计算机利用率平均达到90.7%，各种计算机系统的高效应用，对处理业务的发展起到了很大的促进作用。

我国的石油资源虽然丰富，但大部分地质情况复杂。面临石油产量翻番的艰巨任务，20世纪70年代末，石油工业部确定了"勘探第一"的方针，并决定直接采用当时最先进的技术手段，特别是采用大中型电子计算机来处理全部地震数据，这为提高地质勘探效果提供了技术保证。例如，最初勘探华北地区油气田时，曾因为技术手段落后，两进两出没能摸清地质情况。自从国外进口了先进的数字地震仪并使用了先进处理技术进行地震数据处理后，第三次进入该地区勘探，终于发现了新的高产油气层。石油工业部有关人士认为，如果没有计算机，华北、中原等大型油气田的发现是不可想象的。

20世纪80年代初期，物探局研究院先后安装了三套赛伯170大型计算机系统和7套中小型计算机。如何保证机器正常运转，充分发挥其应有的作用呢？研究人员采取了以下主要措施。一是进行学习。派一部分同志出国学习、培训，使计算机维护人员和地震数据处理人员尽快掌握新引进的先进技术，做到设备安装投产后，就能够上手使用。二是进行改造。对机器设计不合理的部分进行技术改造,努力提高计算机系统工作效率。三是进行扩展、更新。自1980年以来,研究人员对故障率高的部件和配置较低的设备进行了更新和扩展,如扩大了机器内存,使整个系统处理能力提高了15%;更换了部分高故障硬盘,提高了设备的稳定性。同时,也对软件进行相应的扩展,增加新的方法和功能,方便了操作,保证了机器可靠运行。另外,进一步挖掘潜力,使老设备发挥更大的作用。如赛伯1724机已使用了七八年之久,许多部件磨损老化程度严重,故障越来越多,技术人员加强软硬件的维护保养,甚至以国产代替进口,保证了机器的正常运转。在软硬件人员的共同努力下,年平均交概率达到95%以上,创造了月处理剖面2516千米的好成绩。设备的高效运行为地震数据处理业务发挥了保驾护航的巨大作用(图2-2)。

截至1984年7月,赛伯1724机系统处理二维地震数据累计25万余千米,IBM3033地震数据处理系统处理二维地震数据1.7万余千米,几年来,各种机器累计共处理二维地震数据达33万余千米,一级品率平均达到

▲ 图2-2 地球物理勘探局研究院资料处理地震数据处理中心办公楼和机房(摄于1990年8月)

98.6%，为寻找新的油气田、增加地质储量，提供了优质地震数据成果剖面，为原油稳产做出了巨大贡献。

1985年启动的KJ8920石油地质勘探大型数据处理系统，即KJ8920系统，由物探局研究院同中国科学院计算技术研究所、石油工业部西北地质研究所等单位联合研制，历时六年攻关，于1991年9月圆满完成。KJ8920系统由通用硬件平台、标准化系统软件和石油应用软件三部分组成，既适于大型科学计算，又适于大型地震数据处理，其在石油地震数据处理和油藏数值模拟，尤其在大面积三维地震数据处理方面具有明显优势。1993年荣获国家科学技术进步奖一等奖。这项成果，在石油地质勘探与油田开发数据处理能力提升的努力进程中，在中国石油物探科技发展史上，都是浓墨重彩的一笔（图2-3、图2-4）。

▼ 图2-3　1991年9月27日，西北地质研究所KJ8920系统验收会合影（前排右十李天相、右八金钟超、右三于文铎、右一陈建新、左四曾茂朝、左六蒋其垲）

▲ 图 2-4　1991 年 9 月 27 日，KJ8920 系统验收会后部分同志留影（前排左二于文铎、左三蒋其垲、左四金钟超、左五李天相、左六陆邦干、左八曾茂朝、左九陈建新）

◎ 自主创新　银河亿次机助力三维地震数据处理

银河地震数据处理系统的建成投产，标志着我国不仅具有研制亿次巨型计算机的能力，而且具有将这项现代技术成功地应用到石油、天然气勘探开发上来的能力（图 2-5）。

早在 1986 年 11 月，研究院在赛伯 730 机系统上，使用国产软件第一次处理了辽河油田曙光三维地震数据，建立了在赛伯 730 机系统上的处理流程，积累了经验，形成了配套特色技术，为以后银河计算机处理三维地震数据奠定了基础。1987 年 2 月，研究院研制的"银河地震数据处理软件"通过国家鉴定。银河地震数据处理系统在三维地震数据处理方面具有独特优势。该系统的投产使用，大大增加地震数据特别是三维地震数据处理能力，提高野外地震数据解释研究精度和应用价值，对提高石油勘探工作的

▲ 图2-5 1987年我国自主研发的"银河"亿次计算机（100MFlops/秒）

效果，从而提高石油工业的经济效益，具有深远的影响。

银河地震数据处理系统投产近一年来，共有18个新的地震应用模块投入使用，完成了5个系统软件扩充和完善项目并投入运行。该系统的完好率平均在90%以上，除担负大量的科研任务外，已经处理二维地震剖面2万千米，三维地震数据100多平方千米（相当于二维偏移剖面1万千米），系统运行稳定，结果正确，处理功能达到了使用要求。

◎ 综合施策　IBM计算机系统联合体尽显潜力

到20世纪80年代后期，我国各行业有很多单位都在使用IBM计算机，在石油行业不同单位，大量的地震数据处理工作也主要由IBM计算机承担，但大多数单位都是单一机型使用，将多套不同时间引进、不同类型的IBM计算机组成联合体一起使用的情况在我国却非常少见。物探局研究院在1987年在国内率先成功建起了一套由多种机型组成的IBM计算机系统联合体（也称为 IBM 计算机复合系统），并且一次试机成功。

IBM 计算机系统联合体是由 IBM3033、IBM3081、IBM4381 三个计算机系统联合组成，形成了一个统一的地震数据处理系统。这三个系统均有自己磁盘、磁带机等完整的配套设备，也可独立运行。IBM3081、IBM3033 地震数据处理系统相对于 IBM4381 计算机系统来说，具有计算速度快、存储周期短等特点，因此，在此联合体中采用 IBM4381 计算机系统作为 IBM3033 地震数据处理系统、IBM3081 计算机系统的前端机，来处理数据的输入输出及对作业控制语句查错等，而用 IBM3033、IBM3081 复合系统来处理地震数据（图 2-6 至图 2-8）。

IBM3081 计算机系统、IBM3033 地震数据处理系统、IBM4381 计算机系统均为 IBM/370 计算机系统产品，各机所使用的软件系统基本相同，由于系统的硬件配置和使用功能不同，在联合体建立时，软件进行了相应的调整。联合体的使用与单机使用相比较具有下列优势：一是联合体为处理员、计算机操作员在工作上提供了方便，用人机联作交互对话工作法取代了过去的卡片式批量作业法；二是资源利用效率显著提高，联合体对三个

▲ 图 2-6　IBM3033 地震数据处理系统（摄于 1987 年）

▲ 图 2-7　IBM3081 计算机系统（摄于 1987 年）

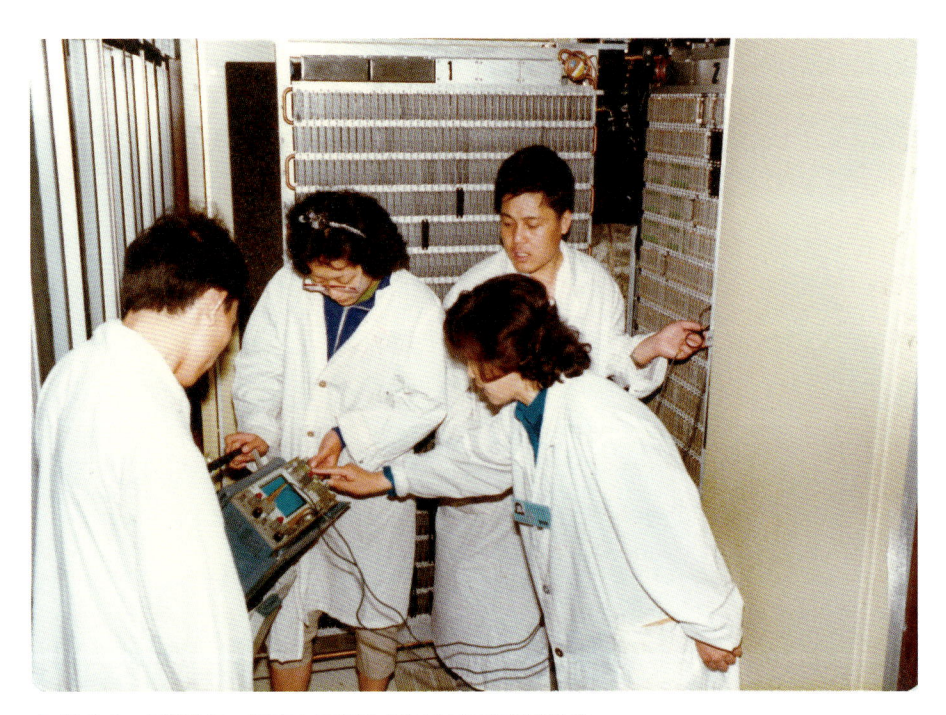

▲ 图 2-8　1987 年，研究人员在做 IBM 计算机系统维护

系统的中央处理器（CPU）、磁盘、磁带机、数列机进行统一管理、统一调配，避免了资源分配、使用的不均衡，实现了资源共享，资源利用率及经济效益明显提高；三是地震处理能力大幅度提高，联合体不仅能进行二维地震数据处理，也能开展三维地震数据处理以及模型正演模拟、重磁电、地震资料人机交互解释等其他业务；联合体对常规处理增加一些新的手段，如反 Q 滤波、叠后深度偏移等；在特殊处理方面也可以做岩性模拟、波阻抗反演以及沿层速度分析、沿层频率分析等。此外，还有先进的垂直地震剖面（VSP）处理手段。

◎ 发挥优势　生产任务连传捷报

1988 年 10 月，研究院以二维地震 6.0789 万千米、特殊处理 6.0424 万千米、三维地震处理 856 平方千米的成绩，提前 2 个月超额完成了物探局下达的全年生产任务，处理的数据优级品率达到了 99.8%。为早日高质量完成生产任务，采取了如下综合措施：一是针对在生产中计算机容量大、处理速度快等特点，除认真做好职工的在岗技术培训以及不断提高机器的运行效率外，还多次派人下到各单位组织资料来源，从而使计算机达到了满负荷运转。二是为调动职工的劳动积极性，研究院还改革了奖金分配制度，把工作的完成情况和工作的质量与奖金有机地结合起来，拉开了奖金档次。三是为确保处理质量，在原来建立的资料处理三级质量控制基础上，积极配合局里加强了测线的随机抽样检查，把随机检查的合格率作为对研究院里整个处理工作量的质量来进行评价。在全国石油系统资料处理会议上，IBM 计算机系统联合体和银河地震数据处理系统处理的 SN520、EH228 剖面在 18 个处理中心的参赛剖面中双获地震数据处理成果质量一等奖，受到了中国石油天然气总公司有关领导的赞扬，研究院也对参加剖面处理的有关人员进行了物质奖励。

1989 年，研究院围绕地震数据处理任务重导致的 IBM 计算机资源不足的矛盾，发动职工群众集思广益，积极挖掘潜力，到 11 月底，完成二维地震剖面 38971 千米，一级品率达到 99.77%，提前一个月超额 30% 完成全年生产任务；完成三维地震数据 1313 平方千米，提前一个月超额完成全年生产任务；完成特殊处理剖面 30415 千米，超额 52% 完成全年生产任务。

到 1990 年 12 月 12 日，完成了全年的生产任务。二维常规地震数据处理了 44696.3 千米，以超额 178.8% 完成院下达的 25000 千米的生产任务。三维地震数据处理完成了 17 块，地下面积为 2222 平方千米，超额完成了 23.4%。特殊处理也超额完成了生产任务。

◎ 突破封锁　征服机房禁区"黑屋子"

从 1983 年首次引进 IBM3033 地震数据处理系统开始，随着计算机的需求量不断加大，研究院又相继引进了更先进的 IBM4381、IBM3081 地震数据处理系统，形成了 IBM3033/4381/3081 地震数据处理系统联合体。但是，研究院计算机机房内设有一个中国人被禁止入内的"黑屋子"，"黑屋子"里面安装了这套复合系统的主控制台和各种设备的控制器，可以对主机和数列处理机等核心设备进行各种操作和控制，是 IBM 计算机系统的主控制室和指挥中枢。长期以来这个"黑屋子"一直由美方派出的专家进行操纵，并监控整套系统的运行状况。整个机房都装有监控摄像机，主控室内配有监控设备，在监控设备的显示屏上可以看到机房的设备和进出人员的情况，而且每月将监控录像带送回美国，由有关部门进行检查。

1989 年 6 月 8 日，随着中美关系的紧张，美方专家全部返回美国。为保证地震数据处理系统联合体的正常运转，IBM 处理中心抽调了几名技术骨干，经过简短培训后接管了"黑屋子"的重要工作，他们第一次独立承担起地震数据处理系统联合体的全部操作任务。在"黑屋子"工作的小伙子们，深知肩上的重担，整个机房设备系统能否正常运行，全部压在了这些技术骨干的肩上。他们昼夜 24 小时坚守在"黑屋子"的屏幕前，连吃饭都由食堂送饭，不离开"黑屋子"半步，遇到故障，就翻阅资料，请教相关的技术人员，攻克一个又一个的技术难题。经过他们的共同努力，在美国操作人员撤走后，从未因故障和操作失误而停过机。同时他们合理调配作业，将 CPU 和输入输出设备的利用率控制在最佳状态，优质、高效地完成了处理任务。仅 6 月一个月，该系统共处理二维地震剖面达 4000 千米，三维地震数据近 300 平方千米，超额完成了当月的资料处理生产任务。

在非常时期，他们不甘落后，在很短的时间内掌握了 IBM3081/3033/4381 地震数据处理系统联合体的关键操作技术，突破了技术封锁和各种限制，保障了系统的正常运行，为地震数据处理中心的正常生产作出了很大贡献，同时也锻炼、培养了一支技术过硬、作风顽强的职工队伍。

◎ 集成创新　新装备持续提升三维地震数据处理规模

1990 年 12 月中旬，研究院完成了一台新的 IBM3081 KX6 计算机的引进和安装工作，并完成了与 2 套 IBM3081 计算机和一台 IBM4381 计算机组成的复合系统的集成。新的复合系统计算能力比原来提高了一倍。新机器的引进明显缓解了甲方油田对处理能力、精度及处理周期的矛盾，一是新的处理方法和技术得到应用，如占机器资源较大的三维 DMO 模块，可以在新的机器上应用到三维地震数据处理中，使倾斜交叉地层得到很好的成像效果；二是因逐年增加处理工作量，导致现有机器超负荷运转，新的设备缓解了机器资源不足的矛盾；三是随着野外采集精度的提高，处理精度也相应提高，采样间隔从以前的 4ms 提高到 2ms，因此数据量比原来增加了一倍，为了适应这种高分辨率的要求，解决因数据量增加导致处理计算量增大的问题；四是适应进一步缩短处理周期的需求，从以前的三个半月的处理周期缩短到两个月。

为提升处理能力，研究院又引进了 2 套 IBM3084 地震数据处理系统。1992 年 6 月 10 日，新引进的 IBM3084 大型地震数据处理系统全部安装完毕，正式投产。新的计算机硬件系统是由 IBM3081 KX6 计算机做前端机和 2 台 IBM3084 计算机组成，共有 10 个 CPU（中央处理机），配备有 205 千兆容量磁盘和 168 台磁带机。新系统共 120 个通道，18 台数列处理机，可以同时运行 70 个控制点，另外还配套引进了 4 套 MEMOREX TELEX 公司生产的 ATL 自动带库。该设备是研究院引进的第一批集装卸磁带的机械手、磁带机和磁带库为一体的自动磁带库，可自动实现地震数据磁带输入输出，不需要人员操作，大大提高了地震数据处理系统的自动化程度和效率。

  这次设备安装是研究院历次引进规模最大、技术性最强的一次，它包括拆除两套地震处理系统 IBM3081 和一套 IBM4381，重新安装一套 IBM3081 和两套 IBM3084，共抽出和铺设通道、电源电缆 1734 根。这次安装的另一个特点是采取边生产边安装新方案，尽量减少停机时间，保证了新疆会战加急任务的完成。该硬件系统的安装、集成，节约近 30 万美元。

  IBM3084 地震数据处理系统的安装投产，使这个亚洲最大的计算中心地震数据处理能力比原来提高了近一倍，具有年处理二维地震数据 5 万千米、三维地震数据 4000 平方千米的处理能力。

突破全三维地震数据处理技术瓶颈并行机

◎ 背景

在三维地震数据处理初期，根据观测时采用的几何特征参数，在地面上规则划分三维地震道集面元，然后抽成共中心点（CMP）道集。后续地震数据处理是在逐条二维地震测线上独立进行的，一直到叠加形成三维地震数据体后，在平面上进行调整叠加速度，形成偏移速度场，然后分别沿两个方向进行二维地震偏移（即两步法偏移）。这种处理方法实际上就是用二维数学模型对三维数据进行处理，其弊端是显而易见的。而全三维地震数据处理技术是在原来二维数学模型的基础上按三维数学模型发展的全新高精度三维地震数据处理技术，包括以下十二项关键技术：三维 CMP 面元调整、三维初至折射波静校正、三维地表一致性补偿技术、三维剩余静校正量计算、三维速度分析及三维动校正叠加、三维 DMO 叠加及 DMO 速度分析、三维道内插技术、三维去噪、三维偏移速度分析和三维一步法叠后时间偏移、三维叠后深度偏移、三维数据体的动画显示、三维数据的特殊处理。进入20世纪90年代，世界各个地球物理勘探公司地震数据处理地震数据处理中心都在努力发展自己的全三维地震数据处理技术。

全三维地震数据处理技术不仅是三维地震数据处理技术的全面升级，同时也对计算机能力提出了巨大的挑战。物探局研究院广大技术人员克服西方技术封锁的重重困难，采取多种方式解决计算机能力不足的问题，自主创新突破了全三维处理的关键技术瓶颈，为找油找气做出了重要贡献。

◎ 突破封锁　首次在海外建立处理中心

20世纪90年代初，西方国家对我国高性能计算机引进实施了严厉的封锁禁运。而全三维地震数据处理技术的推广应用对计算机能力的需求与日俱增，国内使用多年的大、中型计算机已不能满足勘探开发对计算机能力的需要。同时国外已开始大范围应用基于Unix操作系统的工作站和并行主机系统。

为求突破，中国石油天然气总公司决定物探局研究院在新加坡建立处理中心，租用世界先进的计算机设备和处理软件，弥补国内全三维地震数据处理技术对计算机能力的需求和不足。时任研究院副院长徐昕担任新加坡处理中心主任，地震数据处理骨干曹孟起、王克斌、许荣富、黄志等，计算机骨干谭永产、毛水祥前往建站，使用了国外先进的CONVEX计算机和TIPEX处理软件。建站三年期间，应用全三维地震叠后连片处理技术先后高质量完成了冀东南堡、胜利、辽河等多块三维地震数据处理任务。

◎ SP2落户　全三维地震数据处理实现工业化应用

1996年10月22日，物探局与美国西方地球物理公司正式签署了Omega（V1.6.3版本）地震数据处理软件在IBM SP2并行地震数据处理系统上安装调试完毕的确认书。这标志着该套先进的地震数据处理软件将在研究院地震数据处理中心启用（图2-9）。

▲ 图 2-9　1995 年 11 月，IBM SP2 并行地震数据处理系统投入试运行（运算速度 500 亿次/秒）

　　配备 Omega 处理软件的 SP2 系统（16 个节点）和与之联网的 40 多套工作站形成了一套运算能力强大的地震数据处理系统，不仅具有人机交互能力，还可以进行叠前时间偏移、叠前深度偏移等大计算量的处理新技术试验，为解决多种复杂构造成像问题提供了探索可能。

　　1998 年 8 月 2 日晚上，又一套从美国 IBM 公司新引进的 SP2 顺利抵达物探局研究院。地震数据处理中心有组织地安排技术人员，连夜把价值 547 万美元的 32 箱设备安全无损地运进机房。这套系统安装后，从地震数据处理中心原来 80 个 CPU 的计算机增加到 144 个 CPU，运算速度达到每秒 851 亿次，比引进前提高了 1.5 倍，成为研究院引进的体积最大、运算最快的计算机，大大提高了地震数据处理能力。同时，这套新系统还增加了当时世界上最新、最先进的地震数据处理技术，从批量处理转向了以交互处理为主，并在硬件、软件方面已具备了批量叠前深度偏移数据处理能力，为复杂地区的地震数据处理提供有力保障。

　　在新疆塔里木盆地克拉苏山地三维地震数据第一轮攻关处理阶段，历时 5 个半月取得了良好的效果。中国石油天然气总公司塔里木石油勘探开发指挥部（简称塔指）邱中建指挥听了汇报后高兴地说，地震数据处理工作做得好，对复杂地区带来了很好的勘探效果，对以后的勘探将形成示范作用。

　　此次带有解释性质的地震数据处理工作较好地解决了高陡构造和高信噪比处理的难题，对指导山前带的勘探工作具有深远的意义。由于地震数据处理难度太大，计划需要一年时间才能完成第一轮处理。塔指、物探局、研究院领导对此项工作十分重视。从人员、组织等方面给予保障。组成了以研究院总工程师、教授级高级工程师王顺根为项目长的科研攻关项目组，组内其他成员都是担任过项目长的精兵强将。由于解决问题方法对路，考虑问题全面，新技术应用好，加上大家的实干和苦干，只用了 5 个半月的时间就完成了第一轮处理工作。

　　这次处理主要是在 SP2 并行机上使用 Omega 地震数据处理系统完成的。在处理过程中遇到了很大的困难，主要是地表和地下地质情况都非常复杂，加上针对该山地勘探设计了特殊的采集方法，致使许多常规处理方法和程序不能正常使用。对许多程序不得不修改，甚至连计算机硬件都不得不重新配置，以满足此次特殊处理的需要。研究人员边探索、边修改、边处理，同时，采取了地震数据采集处理解释"三位合一"的方法，即处理前派人到克拉苏考察，处理开始后又请野外技术人员来地震数据处理中心介绍地震数据采集情况，处理过程中与物探局地质研究院解释人员紧密结合，实施目标处理。经过第一阶段处理，获得了良好效果，一是这次三维地震资料信噪比比二维地震剖面有较大提高，盐上浅层和盐下白垩系成像更加清晰；二是断裂反射特征及断裂位置更加明显；三是提升了对克拉苏构造的总体认识，即克拉苏构造是一个南部被断层遮挡、顶部又被中小断层复杂化了的半背斜。

　　1998 年 8 月，研究院地震数据处理中心承担的国内最大最复杂的连片叠后时间偏移项目——大港油田板桥—北大港地区三维地震资料连片处理项目通过甲方验收。该项目由不同年代、采用不同设备采集的 10 块三维地震区块资料组成，这10块三维地震区块地表条件复杂且采集方法不同，野外采集跨越了10个年度，使用了8种地震仪器、3种震源、3种记录格式。项目处理合同期是6个月，时间紧，任务重，项目长张占江带领项目组人员认真分析原始资料（图2-10），反复试验，运用了子波整形、时变谱白化、三步法偏移、面元均化叠加等世界最先进技术，选取最佳的处理参数和流程。可就在他们刚做完偏移试验的时候，由于勘探急需，用户突然来到地震数据处理中心，要求他们在3日内必须完成全部资料的偏移处理。张占江二话没说，把被子抱到办公室。三天三夜，他只睡了5个小时，终于在用户规定的时间内，把工作全部做完，其处理成果质量得到了用户的高度评价。这其中SP2发挥了不可替代的作用。

板桥—北大港地区三维地震资料连片处理项目经过物探局研究院地震数据处理中心的精心处理，效果体现在：一是中深层反射品质有较大的改善，古潜山形态清楚可靠；二是断层走向、断点位置更加清晰；三是波阻关系稳定、特征清晰，波阻的变化真正反映了地下介质的变化，区块衔接

▲ 图2-10　1998年3月，张占江（右一）带领项目组看图

处自然，可对比性强。

地震数据处理中心创新形成的三维地震数据连片处理技术在塔里木、大庆、胜利等油田推广应用并获得高度评价。其中新疆准噶尔盆地进行的三维地震数据连片重新处理面积达 763 平方千米，成为当时重新处理的面积最大的一块三维地震数据。

◎ 填补空白　突破全三维地震数据处理关键技术

1994 年 3 月，在天津市第五律师事务所的监督下，北塘涧南三维地震资料处理招标的开标仪式在大港石油管理局举行。研究院凭着自主研发的 GRISYS 地震数据处理系统的先进技术以 100 分的优势中标。这次中标，显示了 GRISYS 已具备较强的全三维地震数据处理能力，预示了 GRISYS 在进一步拓展市场的过程中将大显身手。

1995 年，地震数据处理中心的年处理量为 3500 平方千米三维地震资料、6 万至 7 万千米的二维地震资料。随着 SP2 投入生产，其处理速度和能力，比原来提高了两到三倍。为了充分发挥 SP2 作用，研究院成功将自行开发研制的 GRISYS 植入 SP2 中，丰富了全三维地震数据处理技术和能力。

1996 年 5 月 3 日，由中央国家机关团工委、中央国家机关青年联合会、国家科委科技奖励工作办公室、《科技日报》联合举办的中央国家机关青年实用技术成果评选结果揭晓，物探局有 4 项成果获奖，其中研究院全三维地震勘探数据处理系统被评为十佳实用技术成果。这一研究成果达到国际先进水平，运用这项技术有助于查明油气储量，准确地提供钻探井位，为国家节省了近 3 亿元的软件引进费用。

总结表彰大会在中南海国务院小礼堂举行。国务委员、国家科委主任宋健，全国人大常委会副委员长吴阶平，全国政协副主席、中国工程院院长朱光亚等领导同志接见了获奖代表并参加了大会。

◎ 进军国际　海外建立多个处理解释分中心

1997年5月30日，壳牌中国石油公司总经理Ronald Hoogenboom先生到涿州授予物探局研究院质量认可证书（图2-11），为进军国际油公司地震资料处理市场奠定了基础。2016年10月，东方物探研究院地震数据处理中心承担壳牌中国石油公司塔里木盆地风险勘探项目处理任务，优质高效地完成处理任务。

随着物探局开拓国际市场力度的不断加大，物探局开始选派优秀技术人员奔赴世界各地，积极寻求新的石油勘探经济增长点，时任研究院副总工程师蔡加铭被派往伊朗筹建了研究院基石岛处理中心。

物探局国际勘探事业部在伊朗首都德黑兰成立了办事处。李振勇与物探局其他二级单位的两名同志主要负责物探局国际勘探事业部地震数据采集处理解释一体化的宣传，以及山地三维地震勘探招标工作。李振勇说，由于国内油气勘探市场萎缩，要发展，只有向国际市场进军。西方国家对

▲ 图2-11　1997年5月30日，壳牌公司向研究院地震数据处理中心颁发质量认证书（右四：物探局研究院院长管忠、左四：壳牌公司中国区主管）

伊朗实行经济封锁，在那里只有法国 CGG 公司与我们竞技，这为物探局在伊朗建站创造了契机。

竞争，归根结底是技术和人才的竞争，关键还是我们的采集、处理、解释技术和能力要上去。在伊朗，甲方提出根据试处理剖面质量再商谈具体的合同，这就要求我们必须拿出高质量的剖面来提供给甲方，才能抢得更多的市场份额。

李振勇说，市场的竞争更是人才的竞争。与国外好的公司相比，地震数据处理中心有一定的优势，资料处理方面的专家多，很多人员长年从事处理工作，经验丰富，而外国公司处理人员供职时间都比较短，因此在这方面我们的实力相当强。国内一些油田纷纷购买西方国家的软件，硬件配备甚至超过了我们，可是他们处理人员的素质、处理经验、处理技术都不如我们。说这些，并不是表明我们就可以高枕无忧，差距也不是一成不变的。对于处理人员来说，现在急需加强目标处理技术，根据用户需求处理地震数据，用户要求什么，我们就应该集中精力重点攻关什么。要在用户现场建立处理站点，把我们的软件、硬件和人才资源的资源优势发挥出来，贴近用户服务。

1998—2000 年，物探局研究院先后在尼日利亚、巴基斯坦建立了处理分中心（图 2-12）。

◎ 中西合璧　合力提升地震数据处理技术能力

作为亚洲最大的地震数据处理中心的物探局研究院，自 1997 年开始相继配备了具有地震数据处理功能的 IBM-SP 和 ORIGIN-2000 等最新型的并行计算机，它们拥有 144 个 CPU，计算机能力达到 851 亿次 / 秒。但 GRISYS 地震数据处理系统和从美国西方地球物理公司引进的 Omega 地震数据处理系统虽各有优势，但由于受到数据格式、软件接口等因素的限制，要同时择优使用这两套系统中的有关模块处理同一个数据体非常不便，必须借助于磁带进行数据交换。这样不但浪费时间、影响工作效率，而且存

▲ 图 2-12　1998 年建立海外站点——巴基斯坦处理分中心

在道头字丢失的现象，给生产带来极大的不便。因此，处理人员有时虽然知道另一套系统中的模块更有利于解决问题，但还是凭借习惯和经验只选用其中的一套处理系统。

随着地震勘探技术的发展，单纯依赖于某一套处理系统已经远远不能适应于市场竞争和勘探的需求，迫切需要发挥两套系统综合的优势，急需将 GRISYS 与 Omega 两大处理系统同时部署在 SP2 上运行使用。此项工作的最大难点是，Omega 的文件存取方式与 GRISYS 的格式完全不同，两大系统交叉处理后，道头字无法正常相互转换。

为了解决上述难题，研究院设立了 SP2 集成 GRISYS 与 Omega 软件项目组。委派处理中心副总工程师赖能和担任项目长，项目组荟萃了地震数据处理、软件开发、方法研究的一批高手。经过一年多的努力，在 IBM

SP2 平台上完成了 GRISYS 地震数据处理系统与 Omega 地震数据处理系统的集成，实现了这两套系统功能模块的交叉互换使用，在中西方地震数据处理软件系统之间筑起了一座桥梁，彻底解决了长期存在的两套处理系统难以交叉使用的重大疑难问题，在克拉 2、迪那等复杂地区地震数据处理项目中发挥了重要作用。

◎ 战胜"千年虫" 计算机系统实现安全过渡

1999 年底，地震数据处理中心当时拥有计算机设备 920 台套，计算能力达 851 亿次／秒，每年可完成 800～1000 平方千米的三维叠前深度偏移数据处理，同时可完成 10 万千米的二维地震数据和 6000 平方千米的三维地震数据处理任务。为了能够顺利地过渡到 2000 年，研究院计算机技术服务中心从 1999 年 1 月份就始着手解决"千年虫"问题。

2000 年 1 月 2 日下午 3 时，物探局研究院地震数据处理中心机房随着计算机技术服务中心主任李杰一声"开始加电"，机房的供电系统被首先启动，电源管理人员和计算机软、硬件工程师按照先外设后主机的顺序对计算机逐一加电。

外设加电显示正常，主机加电显示正常，磁带管理系统 MMS 正常，应用软件测试正常……这一连串的"正常"让人们一直紧绷的心终于稍稍平静了。接着，又进行 9 个分机房的测试工作。"一切正常。"这标志着中国最大的地震数据处理中心，成功解决了"千年虫"问题。

进入叠前时间偏移时代
PC 机群

◎ 背景

20 世纪 90 年代末期，国际油公司在墨西哥湾利用叠前深度偏移技术大幅度提高了成像精度，这使叠前深度偏移技术声名鹊起。进入 21 世纪，随着计算机（PC）机群技术的突破，国际大的地球物理公司纷纷大规模引进 PC 机群，工业化推广应用叠前深度偏移技术，截至 2002 年底，国际著名地球物理公司 WesternGeco 公司已经拥有超过 20000 个 CPU，叠前深度偏移技术已成为开发油公司处理市场的主打技术。

1995 年，我国开始引进国外叠前深度偏移技术的商业化软件并投入试验。但由于我国西部复杂地表高陡构造区信噪比较低，叠前深度偏移技术在解决我国陆上复杂构造成像问题方面却一直未能取得令人满意的效果。由于多方面的原因，到 2002 年底，国内叠前深度偏移技术仍处在小面积的试验阶段，当时全国地震地震数据处理中心所引进的全部 PC 机群 CPU 总数不到500个，最多的是原物探局研究院地震数据处理中心，也只有128个CPU，都无法形成叠前偏移工业化生产能力。

在这个时期，我国的油气勘探开发对象已延伸到岩性、前陆、深层、海洋、海相碳酸盐岩及老区精细勘探六大新的领域，复杂的地表条件和地质目标对物探技术提出了更高的要求。同时，如何充分利用叠前地震信息对复杂储层进行精细描述和含油气检测，在叠前偏移技术无法取得油田公司的认可并进一步制约PC机群扩大引进，没有大规模的PC机群又无法提高叠前偏移技术的处理效率和成像质量的情况下，尽快形成适应中国复杂地质条件的叠前偏移技术并全面推广应用是我国石油物探工作者面临的重要课题。

2003年，基于物探局重组而成的中国石油集团东方地球物理勘探有限责任公司（简称东方物探）通过认真分析，把技术创新的目标集中在叠前偏移技术攻关上，转变思路，逆向思维，对叠前时间和深度偏移技术的应用条件进行了认真研究后认为：中国大部分地区构造复杂、断块发育，但速度横向变化不大，很适合应用叠前时间偏移技术，只有少数前陆盆地区域速度横向变化大，适合应用叠前深度偏移技术，更重要的是，无论叠前时间偏移还是叠前深度偏移都要求资料有一定的信噪比。因此，把多年来一直用叠前深度偏移解决低信噪比资料成像问题转变为在一定信噪比基础上，当速度横向变化不大时，用叠前时间偏移技术作为提高成像精度的手段；把传统方法中叠前时间偏移仅仅作为建立叠前深度偏移初始速度模型的工具转变为叠前时间偏移成果作为最终成果输出，用于地震解释。叠前时间偏移较叠后时间偏移有许多优点：复杂构造断裂成像效果好，叠前共反射点（CRP）道集可用于振幅随偏移距变化（AVO）及叠前反演，可以得到更准确的均方根（RMS）速度场。

思路的变化打破了叠前偏移技术在国内多年徘徊无法工业化生产的困难局面，地震数据处理技术进入三维叠前时间偏移工业化生产的新阶段，东方物探研究院计算机能力进入了大幅度快速提升新时期。

◎ 安全高效　研究院计算机房整体搬迁

2003年5月8日清晨，位于河北省涿州市甲秀路物探局5号院科技楼广场上鞭炮齐鸣，研究院计算机技术服务中心的全体员工脸上都洋溢着兴奋的笑容，大家在心中都默默地记下了这个历史性时刻。经过计算机技术服务中心全体员工整整10个昼夜的奋战，中国最大的地震数据处理计算机系统从涿州城西院区安全搬迁到城里甲秀路东方物探5号院新办公大楼机房（图2-13），经过优化、再集成并一次调试成功。

这次搬迁的计算机系统是当时中国最大也是最为复杂的系统（图2-14）。整个系统包括了国际多家计算机公司，如IBM、SUN、SGI、DEC等公司的产品，系统上分别安装了AIX、SOLARIS、IRIX、DIGITAL等不同的操作平台和Omega、GRISYS、Landmark、Promax、Focus、VoxelGeo、Seisx、Gxiizeh、Geoframe等不同的地震数据处理解释软件，由于软硬件设

▼ 图2-13　涿州市甲秀路东方物探5号院科技楼现址

备在技术上有着很大的差异，为了安全高效地完成整个搬迁工作，计算机技术服务中心在精心组织、科学设计、团队协作方面做了大量的准备工作。

考虑到地震数据处理系统设备是多年多次引进、系统性能差异大、分布不合理等因素，并结合新科技楼的机房空间，经过反复研讨，计算机技术服务中心技术人员对机房的不间断电源UPS、机房专用精密空调及网络构架的位置等都进行了精心规划设计，绘制出详细的新机房设备摆放图及接线图，重新分配了外围设备，重新进行了系统连接和通信布线。同时，考虑到处理业务不能间断，保证重要项目正常进行，尽可能地减少停机时间，特意选择在"五一"假期搬迁和再集成。总体搬迁思路采取"半休克"方案：先搬运部分电源空调，将电源分配单元PDU提前配置好，做到边拆解边安装，每到一个设备，立即进行布置、接线、加电调试，把搬迁时间压缩到最短。

为提升搬迁效率，明确责任，搬迁项目组还根据不同的设备成立了不同的专业项目小组，各小组负责不同类型的设备，在拆迁前都对各自负责的设备进行了精密的计划和多次技术论证，每位成员都拿出了自己所负责

▲ 图2-14 地震数据处理中心机房（摄于2003年）

设备的具体搬迁方案。通过大家集思广益，把可能预见的一切问题都事先做好预案，做到心中有数，并按实际情况确定了一整套最佳的搬迁方案。特别是对每个设备的系统数据都做了双备份，并对设备的组成、接线都做了详细地记录，每条电缆、每个插口都做了详细标签。

根据设备的结构以及精密程度设计了不同的拆迁方案，对 6 个机柜 108 个 CPU 的 IBM-SP 并行计算机设计了分解搬迁的方案，将 78 个节点拆解下来，这样每个节点只有 25 千克重，搬运、运输更为方便，大大降低了搬迁风险。而拆下节点的机柜仍有 200 千克重，计算机技术服务中心人员设计并焊制了搬迁架，以防在运输过程中，由于机器太高、太大而产生晃动。一些不易分解的精密设备，专门定制了木箱，里面用塑料泡沫包裹，将搬迁车辆的车速限制在每小时 5 千米以内，避免了在搬迁过程中造成设备的物理损坏。

UPS 系统和机房专用精密空调的安装与再集成是整个机房计算机系统正常高效运行的保障（图 2-15）。

UPS 系统直接影响着整个计算机系统的正常加电，是整个地震数据

▲ 图 2-15 研究院机房供电系统（摄于 2003 年）

处理中心机房大型计算机设备安装、再集成工作进度的瓶颈。计算机技术服务中心的技术人员在科技楼的地下一层深70厘米、宽60厘米的缆沟内奋战了3昼夜，把48条重达300~400千克、长30~40米的电缆一根根拧在UPS上，用最短时间完成了任务，而且做到了设备安全，人员安全。其中的UPS强电系统和设备电路板都要做精密的调试，如果技术不全面或者稍有疏忽，强电部分若发生事故，则必为重大事故；而设备调试部分，每块线路板都价值几万元，如有烧毁，就经济损失而言，也是巨大的。

机房专用精密空调安装、集成、加电的正常与否是影响整个系统集成进度的又一瓶颈。整个精密空调的安装共用了2500多米的铜管，共有1000多个焊点，需要精心设计和极高的焊接技术，若有一处发生泄漏，则需对1000多个焊点进行一一查找，不仅浪费人力财力，也严重影响设备运行和搬迁进度。计算机技术服务中心场地技术人员提前施工，一次性安装、打压、充气、调试成功，保证机房恒温恒湿，为此次顺利搬迁和调试运行提供了计算机运行环境保障。

发挥技术优势，同舟共济，是本次搬迁成功的关键。如果说拆解一套计算机设备是相对容易的工作，那么集成一套如此多品牌、如此多软件和数据的超大系统，则绝非一件易事。整个地震数据处理中心的大型计算机设备先后共分5次从国外引进才形成了现在的规模，每次引进一套设备国外的专家都需要1个月左右的时间进行安装和调试。为了不影响地震数据处理中心的处理项目进度，技术人员进行了大胆尝试，加班加点，仅用10天就完成几套大系统的迁移与再集成。

当然在对系统进行优化再集成的过程中也遇到了一些困难。如0#、1#、2#IBM ATL自动带库，对水平、垂直程度的要求极高，若稍有偏差，则机械手无法定位，TEACH命令无法运行，整个系统将陷入瘫痪状态。可是机房地板不合规格，高低不平，计算机技术服务中心专门抽出几名技术人员调整地板，再对带库进行精密调节，终于调试成功，机械手正常定位。但启动后，其ROUTE表重置后，自动恢复原始状态，计算机技术服务中心技术人员认真研讨，顺利解决了这一难题。当初引进这套设备时，IBM公司的6名工程师用了一周的时间才调整完成一套设备，而计算机技术服务中心的技术人员通过总结多年的服务经验，经过大胆、心细的尝试，仅用了7天就完成了3套设备的调解工作。ORIGIN2000在调试时，MODUEL出错，ORIGIN2000无法登陆，由于当时非典疫情的影响，无法聘请北京的专家来现场解决，技术人员常常深夜上网查找资料和专家咨询，通过大家的集体攻关，经过两个昼夜的研讨、调试，终于使ORIGIN2000正常运行。SSA盘阵由于产品规格、型号大不相同，其中的编号为7133和7134盘阵重新链接时出错，幸好在搬迁前作了系统备份，将其LINK环断开，系统重置，再进行系统参数的设定，调试成功。

在短短的7天时间里，技术人员除了完成设备搬迁工作外，在新系统安装和调整上也做了大量工作，重新分配了地震数据处理中心6个终端房120余套设备的网络系统配置；重新调整了8台绘图仪、4台行打机和2台打印机的位置；重新配置了网络文件系统，即对100多套设备进行了配置操作；重新配置了域名服务系统，在507套设备1000多个网络接口上重新进行了IP分配并配置了域名服务；更新了网络信息管理系统；优化了507套设备的网络通信机制，设置了路由机制，配置交换机，将原来的低速网全部换成高速网，解决了多年来由于网络瓶颈对整个计算机系统的高效运行所造成的影响，并做到再集成之后，网络资源优化整合，网络、UPS从原来的只为地震数据地震数据处理中心一家服务优化为整个研究院的计算机系统共用，实现了资源整合和资源共享。

在整个搬迁期间，正值"五一"黄金周，也是非典疫情蔓延最严重的时期，计算机技术服务中心高度重视，技术人员众志成城，认真做好防护措施，每天消毒、量体温，出入公共场所佩戴口罩、手套，注意个人卫生。其间有一名技术人员由于过度劳累，出现了低烧现象，中心领导以大局为重，让其居家隔离，每2个小时测量一次体温，并及时汇报，经过几天的连续观察，发现一切正常后才回到中心继续工作。非典疫情非但没有影响搬迁工作进度，更没有影响大家的工作热情，手划破了，腿磕青了，但仍

▲ 图 2-16　东方物探研究院机房磁带存储区（摄于 2003 年）

然干劲十足，没有一句怨言。大家以高度的劳动热情和过硬的技术水平，提前完成了搬迁任务。仅仅 10 天，中国最大的地震数据处理系统全部迁移、拆装、再集成并调试运行成功。地震数据处理系统运行正常且更高效。图 2-16 为新机房磁带存储区。

◎ 差异化突围　在国内率先引进 640COU 大规模 PC 机群

进入 2000 年，随着石油价格持续低迷，国内石油勘探地震资料处理市场曾一度出现恶性竞争的态势，研究院处理市场开发举步艰难，收入利润不断下滑，计划经济体制下一直作为国内最大最强的研究院地震数据处理中心处在了为生存而战的严峻局面。2001 年，研究院尼日利亚处理中心站点也出现了业务严重萎缩、面临亏损的不利局面。为了寻求突破，2002 年 8 月，研究院领导派地震数据处理中心主任王克斌和总工程师李振勇前往研究院尼日利亚处理中心进行调研，了解到当时国外油公司地震数据处理技术已经进入叠前偏移阶段，而研究院尼日利亚处理中心计算机设备能力和地震数据处理技术仍停留在叠后时间偏移阶段，已经不能适应新的技术和甲方油公司市场要求。技术的落后是当时尼日利亚站点业务严重萎缩的主要因素。2002年底，东方物探副总经理张玮带领研究院领导到国外著名地球物理公司考察，调研国外处理解释技术最新发展动态，得出要加快叠前偏移技术攻关和推广应用的结论。

回国以后，经过认真的总结和反思，地震数据处理中心当时国内所面临的处理市场严峻形势与尼日利亚站点情况十分相似。当时虽然2002年从西方地球物理公司引进了64节点128个CPU PC机群（CPU为Intel PEN Ⅲ，主频为1.13GHz），浮点运算能力达250GFlops（每秒2500亿次的浮点运算），但是只能满足少量的叠前偏移试验需求，无法进行工业化生产，主导处理技术仍停留在叠后时间偏移阶段。面对国内地震资料处理业务发展困局和国际技术发展的动态，地震数据处理中心领导班子经过反复研究后提出了一个大胆的想法：要大力度更新计算机设备，逆向思维，暂时绕开久攻不克的叠前深度偏移技术，而把叠前偏移技术的攻关重点放到相对简单易于推广应用的叠前时间偏移技术上，率先形成叠前时间偏移工业化生产能力，形成差异化竞争优势，走出市场困境，突破民营公司重重包围。于是在2003年初，经过地震数据处理中心和研究院领导班子认真论证，研究院向东方物探提交了申请一次性引进512个CPU PC机群的报告。引进报告得到了时任东方物探领导班子的高度重视和大力支持，徐文荣总经理明确指示："加快引进，不要往下砍价钱，按总价不变的前提下尽可能多增加PC机群CPU数量的原则谈判。"经过艰苦的谈判，最后一次性购置了国产曙光PC机群640个CPU，浮点运算能力达到了3584GFlops，率先在国内形成了年处理1000平方千米的叠前时间偏移工业化处理能力（图2-17），震动国内石油物探界。

▲ 图 2-17　2003—2011 年引进的高性能 PC 计算机群设备

◎ "非典"献策　积极推广叠前时间偏移技术创新

　　2002 年，研究院地震数据处理中心未能完成院下达的经营利润指标。2003 年上半年，受非典疫情的影响，市场经营形势较 2002 年更加严峻。6 月 10 日，张玮副总经理率领研究院高岩院长和王克斌、曹孟起等院副职领导到北京向中国石油勘探与生产分公司赵政璋、吴国干、赵帮六、赵贤正等领导和专家汇报潜水面下激发新技术在塔中三维地震采集处理等技术的进展。王克斌代表研究院做塔中三维地震数据处理效果的报告。在报告中明确提出了在我国东部油田应大力推广应用叠前时间偏移技术必要性的建议。该建议受到与会领导和专家的充分肯定。在汇报总结时，时任中国石油勘探与生产分公司副总经理赵政璋明确指出："东方物探提出的推广应用叠前时间偏移技术的建议非常好，对我国复杂构造油气藏和隐蔽性油气藏的勘探将具有重大意义，研究院已引进了 640CPU 的 PC 机群，为推广叠前时间偏移技术提供了保障，勘探与生产分公司要打破常规设立新技术推广应用示范工程，取得实效后全面推广应用。"这就是后来闻名中国石油的三大连片叠前时间偏移示范工程的源头，由此拉开了叠前时间偏移技术在我国全面推广应用的序幕。至 2013 年底，研究院地震数据处理市场开发历史上首次突破 1 亿元，生产经营效益大幅度提升。

◎ 西方禁售　东方物探宣布自主研发 GeoEast

物探局自 1994 年开展国际勘探业务以后，发展迅速。2003 年，东方物探主营业务在全球市场份额达到 13.07%，陆上地震勘探市场份额跃居第一位。东方物探国际竞争力的提高，引起国际大石油物探公司的重视。2002 年，美国西方地球物理公司宣布不再向物探局出售已使用多年的 Omega 处理升级版软件。

要实现海外市场的进一步拓展，就必须冲破外国石油物探公司的技术封锁，开发出具有独立知识产权、能够支撑大型数据处理中心与解释中心、进行大规模数据处理解释的一体化系统软件。

2003 年 4 月，中国石油果断决策：设立"十五"重大科研项目，专项投资 1.4 亿元人民币，研发具有自主知识产权的 GeoEast 1.0 地震数据处理解释一体化软件。

东方物探总共动员了由近 200 名科研骨干人员（包括 7 名公司级专家、21 名公司级科技带头人）组成的 GeoEast 1.0 地震数据处理解释一体化软件研发项目组。为解决中高级软件开发人员不足的难题，吸纳了国内外高级技术人员参与研发。在项目启动后，东方物探研发人员胸怀"不做出国际一流软件，誓不罢休"的信念，全力投入紧张的研究工作。从那时起，窗外的寒暑交替、节日气氛，都统统淡出了他们的视线，挥之不去的是 GeoEast 1.0、国际一流、一体化等关键词，相伴的是彻夜不息的灯光和浩如烟海的各种资料，留下的是在崎岖道路上艰难攀登的足迹。

2004 年 12 月，GeoEast 1.0 地震数据处理解释一体化软件研发成功（图 2-18），申报 20 项专利技术、40 项专有技术，其独有的"处理解释一体化工作模式"更是国际首创，取得 10 个方面的创新与重大技术突破。

▲ 图 2-18　2004 年 12 月 31 日，GeoEast 1.0 地震数据处理解释一体化软件产品发布

GeoEast 1.0 地震数据处理解释一体化软件是统一数据平台，统一显示平台、统一开发平台、可动态进行系统组装的地震数据处理与解释协同工作的一体化软件系统，在数据模型、数据共享、一体化运行模式、三维可视化、交互应用框架、地震地质建模、网络运行环境和并行处理方面取得了多项创新与重大技术突破，是实实在在的地震数据处理解释一体化系统。

（1）总控统一、界面风格统一、数据接口统一。

（2）支持网络分布式计算、并行处理（PC-Cluster），并集交互和批量于一体。

（3）实现了处理与解释构造形态的迭代、处理解释速度模型的迭代、构造形态约束下的地震属性、提取及应用，有效地保证了处理和解释成果的质量。

（4）突出地震地质建模、叠前偏移和三维可视化体解释。

（5）在高分辨率处理、复杂地表、低信噪比地区数据处理方面处于国际先进水平。

（6）系统规模可变、可以根据用户需求灵活配置。

GeoEast 1.0 地震数据处理解释一体化软件具备统一的处理解释数据平台，真正实现了处理解释信息共享；提供 20 类，150 个批量与交互处理地震功能应用模块，初步具备陆上与海上二维、三维地震数据处理能力，二维、三维地震解释系列功能，三维可视化体解释和配套的软件包，彻底打破了国外公司对我国的物探新技术的封锁。

◎ 强力推动　三大连片三维叠前时间偏移处理示范项目卓有成效

在东方物探经过广泛调研试验论证，推广应用叠前时间偏移技术的建议被中国石油勘探与生产分公司采纳后，在其大力支持推动下，推广应用三维连片叠前时间偏移技术的三大示范项目相继展开。

2003 年 7 月，中国石油勘探与生产分公司首次设立辽河油田大民屯凹陷连片叠前时间偏移试验示范工程，满覆盖面积 1100 平方千米，这也是当时国内第一个以大的凹陷整体进行连片叠前时间偏移处理的项目。

2003 年 8 月，中国石油冀东油田分公司大胆提出并启动南堡凹陷整体连片叠前时间偏移处理项目，满覆盖面积 2400 平方千米。同年底，经勘探与生产分公司确认，把冀东项目确定为第二个连片叠前时间偏移试验示范工程。这也是当时国内面积最大、处理技术最复杂的连片叠前时间偏移处理项目。

2004 年 8 月，中国石油塔里木油田分公司提出启动轮南三维连片处理项目，满覆盖面积 1100 平方千米。随后，中国石油勘探与生产分公司将其确定为第三个连片叠前时间偏移试验示范工程。这是当时西部油田的第一个连片叠前时间偏移处理项目。

2003—2005 年，在中国石油勘探年会上，时任中国石油勘探与生产分公司总经理赵政璋连续三年安排东方物探研究院总工程师曹孟起、研究院总工程师冯许魁做叠前时间偏移技术及成效专题报告，引起与会专家的热烈反响。

中国石油有关领导多次高度评价连片叠前偏移技术的应用效果，并要求油田公司和东方物探抓好示范工程的技术和管理经验总结，把连片叠前时间偏移处理技术作为富油凹陷勘探开发一体化的主导技术进行推广应用。

2006年，中国石油明确要求所有地震数据处理必须全部采用叠前时间偏移处理，使用近30年的叠后时间偏移技术终于从台前转入了幕后。

◎ 成效显著　新增大规模 PC 机群助力叠前时间偏移技术常规化

在中国石油强有力的领导和有关油田公司的大力支持下，东方物探承担的辽河油田大民屯、冀东油田南堡、塔里木油田轮南3个大面积连片叠前时间偏移示范工程于2006年底全部处理完成并取得丰硕的勘探开发成果，为叠前偏移技术攻关突破并在我国迅速推广应用，起到技术进步、提高勘探开发效益、项目精细管理和人才培养的重要示范作用。

三大示范工程的高质量完成有力地促进了叠前偏移处理技术的全面推广应用（图2-19），推动了国内叠前偏移处理技术的进步，消除了与国际先进水平的巨大差距，实现了国内物探技术从叠后时间偏移阶段到叠前时间偏移阶段的重要跨越。2006年，中国石油明确要求各油田全部地震数据处理使用叠前时间（深度）偏移技术取代应用近30年的叠后时间偏移技术。

物探技术的突破和取得的良好成效推动了计算机能力的进一步投入。为提升处理机群叠前偏移处理规模，中国石油追加投资1.6亿元，成功引进了1024个CPU共计4096核的PC机群。截至2007年底，中国石油下属单位已拥有计算机CPU数超过3万个，其中东方物探研究院地震数据处理中心拥有计算机CPU数达到2万个，为叠前偏移处理技术的全面推广应用创造了良好的条件。

▲ 图 2-19　2005 年，东方物探研究院重奖叠前时间偏移三维连片处理三大示范工程
（左起：罗文山、刘占族、张占江）

2009 年 12 月，为了进一步提升叠前深度偏移的能力，研究院地震数据处理中心决定再引进 5000 核的 PC 机群，投产后研究院地震数据处理中心的浮点运算能力将达到每秒 121TFlops（即每秒 121 万亿次浮点运算），年处理克希霍夫叠前深度偏移能力达到了 30000 平方千米。

2010 年，浪潮 512 个 CPU 和曙光 512 个 CPU 的集群陆续落户研究院地震数据处理中心，标志着地震数据处理中心的 PC 集群向更高计算密度、更快运算速度和更大处理规模的目标迈进。

研究院每年都增加大量的 PC Cluster，至 2011 年东方物探累计共引进 PC 集群 11000 多节点，CPU 超过 5 万个，运算能力达到 543TFlops，存储数据的字长从 32 位上升到 64 位，盘阵的存储容量增长至 800TB，为保障处理业务的快速增长特别是叠前时间偏移和叠前深度偏移的推广普及发挥了巨大的作用。

研究院地震数据处理中心作为叠前时间偏移技术的主导者和实施者，从多种方式入手，全力推进叠前时间偏移技术的常规化。在叠前时间偏移技术普及方面，制定了详细的培训计划，并明确了师资来源、经费、责任人等。2003年8月至2005年12月，举办培训班19期，培训260人次，出国培训32人。邀请专家进行技术讲座9次。明确考核办法，用制度推进学习。地震数据处理中心明确提出，主任工程师级以上的技术骨干不掌握叠前时间偏移处理技术的，年终考核为不合格，处理技术人员不掌握叠前时间偏移技术的，不能晋升技术等级。地震数据处理中心所有晋级的技术人员，没有一人不掌握叠前时间偏移技术，大大促进了新技术的推广。为加强质量控制，还完善监控体系，确保项目运作质量。地震数据处理中心根据叠前时间偏移项目越来越多的实际情况，对工程化质量监控管理办法进行了完善，增加了适用于叠前时间偏移项目的针对性控制点，使所有项目都处在严密的质量控制之中，对确保项目运作质量起到了重要作用。地震数据处理中心近300名处理技术人员掌握叠前时间偏移处理技术的达80%以上，二级以上骨干技术人员掌握率达100%，实现了叠前时间偏移技术的常规化。

◎ 产研结合　GeoEast软件初步形成工业化生产能力

2011年9月，在东方物探GeoEast地震数据处理解释一体化软件应用技术交流会上，研究院地震数据处理中心主任工程师郭惠英做的《GeoEast系统连片叠前时间偏移处理技术应用》报告荣获交流会一等奖。这是自2008年东方物探召开首届GeoEast软件应用技术交流会以来，地震数据处理中心上会报告连续四年荣膺一等奖。捧走奖状的郭惠英，不会忘记伴随GeoEast软件成长的2000多个日日夜夜。

GeoEast地震数据处理解释一体化软件于2004年12月31日在北京正式发布，2005年5月26日通过中国石油的验收。

从那一刻起，东方物探终于拥有了新一代具有自主知识产权的处理软件系统；从那一刻起，在东方物探、研究院统一领导和组织下，在东方公司物探技术研究中心的大力支持下，作为东方物探资料处理的主要单位，研究院地震数据处理中心勇敢而坚定地承担起东方物探GeoEast软件推广应用的重要使命。

2006年，在东方物探科技处的组织下，开始新一代GeoEast地震数据处理解释一体化软件测试及推广应用。项目启动就遇到了许多意想不到的难题，推广应用工作举步维艰。面对困难，研究院加大支持力度，主动设立了GeoEast推广应用首席研究员制度；面对困难，地震数据处理中心没有选择退缩与放弃。2006年地震数据处理中心工作会报告中明确提出："我们要提高对国产软件推广应用的认识，要把对国产软件的全面推广应用的认识上升到提高中心核心竞争力、保持中心可持续发展的高度上来，没有自己高水平的国产软件，我们总有一天还会重蹈被禁售的危险；没有高水平的国产软件，地震数据地震数据处理中心不可能走向世界。地震数据处理中心要主动勇敢地承担起历史赋予我们的神圣使命，克服困难，全力做好GeoEast软件推广应用工作。"

地震数据处理中心领导班子在制定"十一五"规划时，在原来的三个定位中大胆地加上了要成为"国产软件应用推动者"的定位，并且提出了"向国产软件转型"的重要设想与计划。国产软件转型成为地震数据处理中心最重要的工作之一。思想决定行动，领导班子充分认识转型形势的严峻性和紧迫性，坚定转型的决心和信心，统筹规划了长远的转型目标和计划，在完成市场及项目运作目标的同时，有计划有目标地全力推进转型工作，保证转型工作按计划目标完成。

为了让软件得到更好地完善，地震数据处理中心通过在项目运作奖金政策上给予倾斜，建立长效激励机制；通过加强自主培训，增加软件的应用人员；通过逐年增加GeoEast软件运行项目的数量和应用范围，来提高该软件的适用性。在应用过程中，GeoEast项目组通过对GeoEast软件和国外先进处理软件在主要模块功能、运算效率、处理效果等方面的测试、对比和分析，提出改进建议，促进了GeoEast软件的不断完善和提高。

对 GeoEast 软件的成长历程，郭惠英深有感触——好软件是用出来的。软件的完善必须通过使用来发现问题。海洋地震数据处理对于 GeoEast 软件是新增的功能，国外某海洋二维地震数据处理项目是使用 GeoEast 软件处理的第一个海洋资料项目，面临着数据量大、交付周期短，以及 GeoEast 软件中用于压制多次波的模块 2DSRME 刚研发出来，尚未经过大规模生产考验等严峻状况。

面对如此艰巨的任务，既要做好模块测试又要保证生产，郭惠英带领项目组果断地将一天的时间分成两部分，白天进行模块测试，遇到问题及时与研发人员密切沟通，对模块进行改进完善，晚上则一步一步地进行项目资料处理，发现软件存在的不足。究竟经过了多少次反复测试？究竟返工了多少次？这一切，项目组的技术人员已经无法记清，但 GeoEast 项目组不分昼夜付出的 60 天，正是陪伴 GeoEast 软件海洋地震数据处理模块成长与成熟的 60 天，是有着特殊意义的 60 天。经过这 60 天的洗礼，在 GeoEast 软件上出色地完成了 1200 千米的加急处理任务，GeoEast 软件首次实现了海洋资料生产性处理能力。

我国西部地区的地质与地震资料的复杂程度堪称世界级难题。西部某油田三维连片叠前时间偏移处理项目，由六块不同采集年度、采集因素、面元、覆盖次数的三维地震勘探区块组成，原始资料在频率、振幅、相位上存在较大差异，满覆盖面积超过 1000 平方千米。在 GeoEast 软件运作如此大面积复杂连片三维地震勘探项目从未有过先例，高质量按时完成该项目是所有技术人员所面临的挑战。

2010 年底，地震数据处理中心领导经过反复研究、大胆决策，果断决定在 GeoEast 软件上运行该项目。在 GeoEast 软件上如何进行一致性处理是本次连片的关键，没有可供借鉴的经验。项目组在连片子波整形和统一面元处理方面进行了大量的试验，一遍一遍调试参数，在充分考虑到新老资料的特点并保证各块成像质量的前提下，选择了合理的处理面元，利用 GeoEast 软件中的整形模块，完成了整体资料的连片处理工作。从此 GeoEast 软件具备了大面积连片叠前时间偏移处理能力。

GeoEast 软件就是这样在物探技术研究中心和地震数据处理中心技术人员的摸爬滚打中成熟起来。无数次的模块测试、参数试验，无数次的返工，无数次的沟通交流，使得 GeoEast 软件从模块测试、到试生产再到规模化生产，从简单处理到常规处理，从叠后处理到叠前处理得到一步步地完善。

从 2005 年确定软件转型目标到 2010 年，GeoEast 处理软件推广应用逐年取得突破性进展。回首这六年的日日夜夜，地震数据处理中心与物探技术研究中心协同作战、风雨兼程，共同走过了不寻常的历程，共同面对困难和挑战，共同分享 GeoEast 软件不断成长进步的喜悦。

这六年，GeoEast 软件专有设备从两个机柜、64 个 CPU 的常规处理，扩充到拥有 1912 个（6264 个核）CPU 的 GeoEast 常规处理软件和 2048 个 CPU（12288 个核）的逆时偏移处理能力，具备了常规时间域与波动方程深度偏移的生产能力。

这六年，从成立的 GeoEast 软件应用领导小组和项目支持小组，只有 9 名骨干人员组成软件转型组，到具有 GeoEast 软件处理技术资质的人员达到 90 多人，占地震数据处理中心处理技术人员的 38.1%。组建的庞大应用队伍，为扩大 GeoEast 软件应用范围和运行项目数量奠定了基础。

这六年，从推广初期，选择试验区进行系统测试，到首次在 GeoEast 软件上成功运作二连脑木根生产项目，再到首次运作完成第一块开发三维地震准噶尔盆地腹部莫 109 三维区块，利用该项目的处理成果，钻井成功率达 100%，为新疆油田增加了近 2000 万吨的石油探明储量。首次利用 GeoEast 软件完成了松辽盆地南部长岭凹陷扶新隆起三维连片叠前时间偏移处理项目，取得了非常好的处理效果。在苏 14 井三维地震勘探项目运作时，仅用时 40 天就完成了处理工作，取得了该区钻井成功率超过 80%、储层预测符合率大于 80% 的优良成绩。大民屯地区 800 平方千米逆时偏移处理项目首次应用 GeoEast-Lightning 波动方程叠前深度偏移处理软件，在天津超算中心用 8 万个核的计算机资源，仅用一周完成，开创了使用国产软件和社会计算资源快速完成逆时偏移项目的先例。

六年持之以恒的心血和汗水，GeoEast 软件地震数据处理类型从二维到三维、从单块三维到大面积连片三维、从时间域处理到深度域处理、从简单地表到复杂地表、从平原到山地、从陆地延伸至海洋、从勘探领域拓展到开发领域。

这六年，地震数据处理中心与物探技术研究中心共召开了 24 期联席会议，通报研发进展及问题整改情况，面对面沟通软件存在问题和新的需求。地震数据处理中心共提出 632 个问题和需求，为 GeoEast 软件的成熟起到极大的推动作用。

这六年，从选择有条件地区的地震资料进行试生产，到地震数据处理中心所属各部门全面推广应用 GeoEast 软件。GeoEast 软件成为支撑地震数据处理中心业务发展的三大主力处理软件之一。

◎ 顺势而为　叠前深度偏移技术攻关取得重要突破

随着地震勘探工作的不断深入，油田面对的地质问题越来越复杂，勘探精度要求越来越高，叠前时间域的成像已经不能满足地下复杂构造的准确描述要求，叠前深度域偏移技术在解决复杂构造成像能力方面越来越受到重视。

东方物探研究院地震数据处理中心在叠前时间偏移推广应用成功后，就把技术创新注意力转移到了原先久攻不克暂时绕开的叠前深度域处理的配套技术上。自 2008 年开始，地震数据处理中心瞄准油田勘探开发的需求，针对油田面临的地下地质问题，将叠前深度偏移技术作为一项重点工作进行大力推广应用，先后在塔里木油田、吐哈油田、西南油气田、大港油田、哈萨克斯坦滨里海盆地等进行了攻关处理工作，在解决西部复杂构造成像、特殊岩性体成像、潜山成像及盐下成像方面，取得了非常好的勘探效果。

2009 年，在中国石油勘探与生产分公司的大力支持与推动下，叠前深度偏移处理开始全面进入了工业化生产阶段。当年地震数据处理中心承担了近 20 个叠前深度偏移处理项目，工作量近 6000 平方千米，涉及国内和海外的多个油气田，特别是在青海切克里克油气田的发现过程中，叠前深度偏移处理技术为油田精确落实构造、上交 2000 万吨探明储量，发挥了至关重要的作用。

在克希霍夫积分法叠前深度偏移处理技术进入工业化生产的同时，地震数据处理中心超前谋划，积极进行技术储备，引进开发应用了国外先进的各向异性叠前深度偏移处理技术，通过攻关试验，取得了实质性突破。目前 VTI 和 TTI 各向异性叠前深度偏移技术攻关已取得突破，可以投入工业化生产；单程波波动方程叠前深度偏移取得了阶段性成果，在简单构造地区处理效果优于克希霍夫积分法，逆时偏移实现了从无到有，经过测试初步具备了进行逆时偏移的技术能力。

为了进一步提升叠前深度偏移的能力，近期地震数据处理中心决定再引进 5000 个核 PC 机群，届时地震数据处理中心的浮点运算能力将达到每秒 121TFlops，年处理克希霍夫叠前深度偏移能力将达到 3 万平方千米。

计算机能力的迅猛发展为叠前深度偏移技术的应用推广提供了强大的推进力，叠前深度偏移处理技术也将成为提高复杂构造成像精度的金钥匙，在油田的勘探开发中发挥重要的作用。

挑战"两宽一高"海量地震数据处理 GPU/CPU 异构处理系统时代

◎ 背景

2010年以后，随着可控震源高效采集技术的突破，"两宽一高"（宽频带、宽方位、高密度）地震勘探技术在解决低信噪比复杂构造成像方面的优势逐渐突显，地震采集项目的覆盖次数从原来的几十次增至上千次，三维地震采集的数据量大幅度增加。以西部某区200平方千米的三维项目为例，以前常规三维地震采集的数据量大概在500GB左右，现在采用"两宽一高"地震勘探技术，原始数据量高达40TB。

可控震源滑动扫描高效采集作业，每天可产生几个太字节或更多的野外原始数据。东方物探承担的科威特西超大道数三维地震勘探项目，首次采用全球最大道数的单分量数字检波器的先进技术，是目前全球最大道数的陆地三维地震采集项目，也是东方物探首个高密度大道数数字单检地震采集、处理一体化项目，满覆盖面积3300平方千米，数据量高达1.4PB。

据测算，研究院地震数据处理中心三维地震数据处理的原始数据量以每年增加 300TB 的速度高速增长。

随着勘探精度要求的不断提高，一些先进的处理技术如逆时偏移技术、Q 偏移技术、高端去噪技术、FWI、层间多次波压制等技术已经进入常规工业化应用。

从 2010 年起，随着"两宽一高"先进地震采集、处理技术的投产使用，数据量成指数级快速增长，对计算机的能力提出了前所未有的巨大挑战，研究院和物探技术研究中心广大技术人员迎难而上，面对低油价严峻形势，充分发挥聪明才智，采取自有资源＋国家超算中心公有资源相结合等多种方案，提高东方物探整体计算能力；强化新技术的推广应用，注重国产软件计算性能的提高，为保障国家能源安全做出了突出的贡献。2020 年，随着浪潮云计算中心的首次投产使用，研究院计算机能力接近 10PFlops（每秒 1 亿亿次浮点运算），标志着研究院地震资料处理高性能计算进入云计算时代。

◎ 战略引领　GeoEast 成为东方物探地震数据处理的主导软件

2011 年，东方物探在年度工作报告中明确提出了"'十二五'实现物探软件被客户广泛接受，内部市场占有率达到 80%，实现 GeoEast 处理解释系统成为东方物探的基础软件平台"这一战略目标。自 2011 年开始，先后成立了以东方物探总经理为组长的推广应用领导及执行小组，充分利用公司整体资源，从顶层设计上提供组织和机制保障，构建支持大格局、创建"以客户为中心、以市场为龙头"的一体化现场服务体系，出台了一系列推广应用奖励政策，建立前后方一体化、技术支持与软件研发一体化的问题解决机制，遇到问题快速反应、及时解决，全力保障软件推广应用。

研究院围绕这一目标积极采取措施，成立了以院长为组长的 GeoEast 软件推广应用领导小组，自主知识产权的 GeoEast 软件的推广应用工作进入了一个全新阶段。

地震数据处理中心围绕东方物探制定的总体目标，按照研究院的整体布署，采取一系列革命性措施，继续加大 GeoEast 软件的推广应用力度。

措施一：2011 年初确定 10 个 GeoEast 软件处理推广应用重点项目及 1 个 GeoEast 软件解释推广应用重点项目，涵盖了目前运作项目的各种类型，涉及有 GeoEast 软件生产能力的六个部门，全部按照地震数据处理中心年度重点项目进行管理。

措施二：加大应用 GeoEast 软件的人员培训，确立了实现 2011 年熟练掌握软件人员比例达到 38.1% 的目标。

措施三：提高 GeoEast 软件专用设备资源配置，新引进 2000 多核的机群，提升各靠前站点的 GeoEast 软件处理能力，实现 GeoEast 软件具备常规叠前时间域偏移的生产能力。

措施四：将 GeoEast 软件推广应用工作作为各生产部门重点考核指标，明确了各部门用 GeoEast 软件处理与解释项目要达到总项目产值的百分比。

这些措施的执行，极大地调动了各部门转型的积极性和创造性，各部门八仙过海各显神通，利用 GeoEast 软件不断生产出优质的项目成果。

2011 年，辽河油田外围陆西凹陷包 32 井区高密度宽方位三维地质数据处理项目的资料处理成果获得了甲方的高度评价，为地震数据处理中心带来了后续的 540 平方千米的处理工作量。地震数据处理中心大胆决策，在多个中国石油重点攻关项目中使用 GeoEast 软件，形成井控处理配套技术，在 2011 年中国石油攻关项目中见到了良好的效果。

物探技术研究中心针对不同用户采用现场培训和访问学者现场学习等方式，实施基础、高级、专题等各类技术培训 2259 人次，组织技术交流 163 次，开发了针对不同地质情况的软件产品，与油田联合攻关打造应用示范工程 28 个，充分满足用户个性化需求。

2014 年，研究院 GeoEast 软件处理解释应用率提前一年双双突破 80%，成为东方物探主力处理解释平台。

2015 年正式发布了 GeoEast 3.0 版本，地震数据处理中心在第一时间升级了所安装的十多套 GeoEast 软件。当年 GeoEast 软件处理、解释应用率均超过 85%，取得了可观的经济效益和显著的勘探成效。

2016 年，在东方物探推广应用 GeoEast 软件继续取得良好成效，具备了向各大油田推广应用的条件，中国石油决定在所属 19 家油气田及科研院所全面推广应用 GeoEast 软件，并通过签署《GeoEast 企业版技术服务框架协议》的方式予以实施，利用三年时间实现"157"工程目标，即 GeoEast 软件应用人员熟练掌握率 100%，地震处理、解释项目软件应用率分别达到 50% 和 70%。

经过三年推广应用，2019 年，GeoEast 软件在中国石油 19 家油气田及科研院所处理解释项目平均应用率分别由 12% 和 9% 跃升到 62% 和 72%，软件应用人员熟练掌握率达 100%，成为了中国石油主力处理解释平台，节约软件购置费超过 12 亿元，圆满完成了"157"工程目标。

站在新的起点，如何让物探中国"芯"在油气勘探开发中为油气田增储上产发挥更大作用，持续深化 GeoEast 软件的推广应用，显得尤为重要而紧迫。在中国石油副总裁李鹭光等领导的大力推动下，确立了 2019—2021 年 GeoEast 软件推广应用"188"工程目标，即 GeoEast 软件熟练掌握率保持 100%，处理解释平均应用率均达到 80%，国内勘探重大发现参与率超过 80%；加快提升 GeoEast 软件在油气藏开发领域的应用能力，全力打造云模式共享、多层次开放、多学科协同的软件开发平台，构建协同、开放、共享的油气勘探软件生态系统。

◎ 逆时偏移　GPU/CPU 异构计算机系统投产使用

GeoEast-Lightning 波动方程叠前深度偏移处理软件是东方物探自主研发的集单程波叠前深度偏移、逆时偏移为一体的大规模并行计算系统软件。该软件具有独创的自适应负载均衡功能，具有不同性能运算机制和便捷的用户界面。2010 年，东方物探在 GPU/CPU 异构多核架构的高性能并行集群系统上，研发了 GPU 版逆时偏移算法模块，并取得了良好的加速效果。

GeoEast-Lightning 软件已经成功应用于东部潜山、复杂断块、盐丘、逆掩推覆体等多种复杂构造地区的成像处理。

由于逆时偏移采用有限差分算法及需要保存大量的震源波场数据，相对其他偏移算法运算成本很高。提高逆时偏移的计算效率，使之满足工业化应用是该项成像技术发展的重要研究课题之一。近年来发展的 GPU 通用并行计算技术获得诸多应用领域的广泛关注，利用 GPU 做高性能并行计算，是适应石油工业中大规模并行计算需求的一个重要发展方向。

为进一步加大波动方程叠前深度偏移处理能力，2012 年 6 月，研究院地震数据处理中心在新引进的 GPU 高性能计算机上安装了 GeoEast-Lightning 软件。在东方物探的统一组织下，地震数据处理中心发挥自身优势，成立了专门项目组，积极配合研发人员开展了 GPU 波动方程叠前深度偏移的生产试验工作。在近 3 个月时间内，地震数据处理中心技术人员精益求精，做了大量的试验分析对比工作，提出了十几项重要的改进意见和建议。研发人员加班加点针对出现的问题积极改进，在较短时间内就完成了七次软件升级。

2012 年 10 月 20—24 日，仅用 4 天时间，地震数据处理中心在新引进的大规模高性能 GPU 上，运用 GeoEast-Lightning 软件首次完成了辽河油田交力格地区 500 平方千米三维（7 万炮）双程波动方程逆时偏移处理，处理效果达到国际同类产品先进水平，计算效率较国际同类产品快 1.5 倍。该项目的成功运作，标志着经过物探技术研究中心研发人员的多年努力和地震数据处理中心技术人员几个月的辛勤工作，GeoEast-Lightning 软件在新引进的大规模高性能 GPU 上实现了生产性应用。

基于 GPU 的 GeoEast-Lightning 软件的正式投产，也标志着地震数据处理中心在国内率先形成波动方程叠前深度偏移规模化生产能力，年逆时偏移处理能力将达到三维勘探 2 万平方千米，对满足油田勘探开发需求、提高成像质量具有重要意义。

2010 年 11 月，GeoEast-lightning 软件在"天河一号"超级计算机中心系统上成功运行，共使用了 7100 个计算节点，在 16 个小时内完成了国内最大面积的 1050 平方千米、共计 7 万炮的地震勘探数据的复杂三维地震资料处理工作，取得了前所未有的好结果。2013 年 6 月，利用 1100 个 GPU 计算节点，运算 168 个小时完成了 194 万炮三维地震数据的偏移处理工作。开创了使用自主知识产权软件利用国家超算中心资源快速完成超大运算量逆时偏移项目的先河，为有效利用公共计算资源探索了一条新路。

◎ PDO 对标 为百 TB 级海量数据处理项目保驾护航

2012 年，研究院地震数据处理中心承担了阿曼国家石油公司（PDO）高密度试处理项目，原始数据量高达 83TB。在此之前，地震数据处理中心承担的最大数据量的项目未超过 10TB，这对计算机的软硬件能力提出了巨大的挑战。

PDO 项目工期紧、数据量大，每个步骤所用时间都计算到了天。数据解编工作只计划了 10～15 天，要在短时间内将 83TB 的数据从磁带读写到磁盘，对磁带解编组来说是一个巨大的挑战。项目组成员都是 40 岁以上的同志，生活上正是负担较重的时期。拷贝组 50 多岁的老党员程远方、女党员赵明君主动提出三班倒，项目组其他成员也积极响应号召，一致同意轮流倒班，采取车轮战的方式将项目周期往前赶。就这样，五六个人经过五昼夜的奋战就完成了 PDO 项目的 304 盘原始磁带数据输出，比原计划提前了 5～10 天，其数据量之大、效率之高打破了地震数据处理中心以往的历史纪录。虽然每个人都在超负荷工作，但大家没有一句怨言，因为能有机会在这样的重大项目里贡献自己的一分力量，除了骄傲就是自豪！

原始数据顺利得到解编，然而在项目运作过程中困难重重，特别是计算机软件、硬件资源问题非常突出。为了更好地服务于项目，保证 PDO 项目顺利进行，计算机支持室特指定专门的应用维护人员为该项目保驾护航，在项目遇到任何系统应用问题时确保在第一时间得到解决。

PDO 项目正式运作后，首先遇到的是 GeoEast 软件的交互速度问题，这次PDO项目使用了地震数据处理中心最新引进的高密度处理设备，该设备PC集群的节点运算能力非常强，但由于项目的数据量非常大，一轮处理作业就需要分发500多个作业，虽然PC集群在计算上能满足项目的生产需求，但在运行多作业的情况下GeoEast软件的交互速度显得非常慢，严重影响了处理进度。得知此情况后，张红杰主任立即组织部门的技术骨干、项目组成员、GeoEast软件研发人员召开研讨会，分析可能影响交互速度的各方面原因，制定整改措施，从修改软件、数据库的参数，改变单个数据文件的大小，到数据库服务器内存的扩容，一步步地调试，使得交互速度得到了一定的改善。尽管如此，但还没达到令人满意的效果，应用维护人员继续观察分析影响交互速度慢的因素，并安装系统效能监控软件，发现最主要的因素还是在于I/O和网络瓶颈。在得出这一结论后，张红杰立即组织存储和网络设备厂家的工程师连夜进行会诊。功夫不负有心人，经过连续几天的检查、测试和排查，交互速度终于有了较大的改善，而且每个节点运行的作业个数也由1~2个作业增加到了5个以上。至此，技术人员悬着的心也总算是放下了。

PDO项目在有条不紊地进行着。为了确保项目的万无一失，数据的安全性是重中之重，需要将数据进行磁带备份。首先从设备的配备上满足项目的需求，将地震数据处理中心最先进的十台3592E06带机全部分配给了PDO项目，备份所用的磁带容量是1TB，GeoEast软件备份一盘带需要30多个小时，那么备份一轮数据就需至少半个月，这会严重影响项目的运作，如何更高效地将如此大的数据量进行磁带备份是技术人员遇到的又一大挑战。以年轻党员龚莉、李文亮和技术骨干赵玉梅等为主的应用组与GeoEast软件的研发人员共同分析探讨软件的备份机制，采取多种备份方式进行反复地测试，充分考虑GeoEast软件数据编目、备份策略等多方面的因素，通过修改磁带备份软件模块，将备份速度提升到了10小时一盘带，备份效率提高了三倍。

像这样的技术攻关还有很多很多，提高资源使用效率，保证项目的顺利运作是责任，也是荣誉。计算机支持室把PDO高密度数据处理项目技术支持和资源保障当成一次非常重要的技术练兵。他们收获的不仅仅是项目成功的喜悦，也为高密度数据处理发现并解决问题积累技术和经验，为地震数据处理中心承担更多的高密度数据处理任务担起保驾护航的重任打下坚实的基础。

◎ 优化创新　持续提升"两宽一高"海量数据处理计算机能力

为了应对越来越多的海量数据处理项目，2012 年东方物探首次引进了第一套 148 节点 296 个 CPU 的高密度海量地震处理系统。该系统采用 Intel E5 新型处理器，每个 CPU 包括 8 核，主频 2.6GHz，首次配置了万兆网络和 128GB 大内存，并将 4 块内置硬盘捆绑做临时盘，安装了 GeoEast 处理软件，高密度海量处理系统较普通配置的 PC 集群性能提升了 2 倍以上。

随着"两宽一高"地震资料处理项目的不断增多，为了提升地震数据处理中心海量数据处理能力，将 2011 年引进的 HP 256 个 CPU 系统改造成第二套高密度海量数据处理系统。该系统的升级改造主要从四个方面进行：升级各节点的内存；将所有节点的网络升级到万兆网络；升级各节点的操作系统到 Redhat-AS5.8；配置 EMC Isilon 高性能并行存储系统。

在升级改造完成后，在第二套高密度海量数据处理系统上进行了一系列的测试，相比较改造前在该系统上所做的同样的测试，效果有了明显的改善。从作业的运行时间来看，同时运行的作业个数越多，效果越明显，在同时发送 100 个作业时，作业的运行效率提高了 11 倍。升级改造后已具备了海量数据处理的能力。

根据前两套高密度海量数据处理系统的使用情况，通过对硬件架构的合理配置（CPU、网络、内存、临时盘），应用软件、操作系统的深入研究分析，找出了适合高密度海量数据处理系统硬件更加科学合理的匹配方案。

◎ 科学组织　优质高效完成科技园计算机设备的搬迁集成

为了适应国际国内市场业务需求与技术发展，东方物探决定扩大处理解释规模，改善科研环境，历时六年，建成新的科技园区（图2-20），于2016年10月交付使用。

2016年12月23日，研究院召开搬迁总结表彰会。至此，历时三个月余，东方物探历史上最大规模、也是难度最大的一次计算机设备搬迁工程项目画上圆满的句号。

将先进的项目管理理论充分运用到科技园区的整体搬迁：注重启动过程、计划过程、执行过程、监控过程、收尾过程五大过程组，以及项目整合管理、范围管理、进度管理、成本管理、质量管理、人力资源管理、沟通管理、风险管理、采购管理九大知识领域，确保了搬迁工作的圆满完成。

▼ 图2-20　涿州开发区东方物探科技园全景（摄于2006年）

▲ 图 2-21　科技园高性能计算机中心一角（摄于 2016 年）

　　大型机房搬迁充满高风险，规划阶段工作越细，实际执行时遇到的问题就会越少，风险也越低。按项目管理理论，以计算机技术服务中心为主体的搬迁项目前期论证小组在项目启动前期用了整整一年时间，通过上百次的技术研讨、现场勘查，完成了新机房的设计，从机房布线到资源使用以及如何优化搬迁方案等一系列计划措施，注重源头设计、过程控制、标准规范、成本节约和沟通协调，并在大规模搬迁之前，于 2016 年中秋节进行了预搬迁演练，以保证实际搬迁工作的顺利进行。

　　在搬迁过程中遭遇雾霾恶劣天气、市政集中供暖施工影响道路通行等不利因素，并且处于科研生产繁忙季节，在站运行项目多，搬迁时间要求紧，这些都给搬迁工作带来极大的困难。搬迁项目组按照项目管理模式全流程严格管控，按照搬迁设备和人员单位的不同，将不同特长的技术人员划分为多个小组，将设备落实到人。由搬迁工作领导小组牵头，计算机技术服务中心、研究院办公室、HSE 部、设备物资部协调联动，制定合理的搬迁方案，确保搬迁过程中成本管控。在搬迁过程中，没有出现设备损失，也无一例安全事故发生。为了实现分批搬迁、平稳过渡，搬迁项目组坚持两个月无休假，不中断生产，利用节假日铺设五号院到科技园区的光纤专线，通过网络先行，让技术人员感受不到搬迁对生产的影响。同时，搬迁项目组利用此次搬迁机会对多年分期引进的 HPC 高性能计算系统进行了重构和布局优化，完成了东方物探高性能计算基础设施的一次重大革新和调整。图 2-21 为计算机中心一角。

◎ 与时俱进　现代 IT 技术提升地震数据处理能力和机房管理效率

2018 年，研究院地震数据处理中心参加国际勘探地球物理学家学会（SEG）通过人工智能与机器学习实现资产价值最大化研讨会，发表的《基于深度学习的地震初至拾取技术》报告被评为会议最佳报告。自此人工智能（AI）技术开始在地震数据处理中心的舞台上一展身手。

自"两宽一高"地震勘探技术推广应用以来，原始地震数据量呈几何指数增长，超大数据体对地震资料处理行业的软硬件来说是个巨大的挑战。而目前人工智能最为活跃的研究领域——深度学习，正是一门利用计算机从海量数据中寻找规律、建立模式的学科，于是地震数据处理中心将目光瞄准了时下最火热的 AI 技术。

通过分析梳理地震资料处理流程，地震数据处理中心的科技人员发现，处理流程中的初至拾取工作最烦琐、劳动强度最大，非常耗费人力和资源。2017 年 7 月，地震数据处理中心成立了基于深度学习的初至拾取软件开发组，把初至拾取作为 AI 技术应用的切入点，逐步将人工智能引入地震资料处理中。

AI 拾取初至软件采用人工智能的深度学习框架和大数据技术设计并实现，针对海量地震数据具备高效的处理计算效率同时，通过大量不同特征地震资料的不断模型训练，使得算法具备更高的业务适应性和可靠的准确度。地震数据处理中心软件开发组共采用了三十多个来自各区块、各种地

▲ 图 2-22　巡检机器人正在工作（摄于 2019 年）

形的实际生产资料对软件进行深度训练，资料涵盖国内外山地、沙漠、平原、丘陵、海上等地形。

2019 年 12 月 8 日 10 点 29 分，自主研发的智能巡检机器人（图 2-22），正式在东方物探科技园地震数据处理中心的机房内开展巡检工作。

这位个头不大的小家伙，外观虽然和人长得不太一样，但它四肢健全、头脑发达。它的动力行走装置如同人的腿一样，可以让他在机房内自由地四处溜达；而它的升降装置又像人手那样，可以将巡检设备抬高，从而轻而易举地看到 2 米高机柜内的各种设备运转状况；当然，它有自己的"大脑"，会思索，有自己的"眼睛"，会巡查，知道该去哪里转转看看；如果前方有障碍物挡着它，会自己选择路线规避障碍继续前行；它会把看到的机房内的景象实时传回监控室，将检测到的机房内的温度数据发给场地值班人员；一旦感觉自己体力下降了，它还会自动找到充电位置补充能量。

2020 年技术研发团队拓展机器人功能，研发智能化更高、功能更齐全的 2.0 版本。

◎ 面向未来 东方物探海量地震数据处理迈入云计算时代

随着物探技术的不断进步,"两宽一高"、多波多分量等物探新技术的应用不断扩大,带动了地震数据采集数据量呈指数级的增长,国内单一工区数据体已由过去的百吉字节级达到了百太字节级,个别项目甚至达到拍字节级;同时随着 Q 叠前深度偏移、逆时偏移、层间多次波压制、全波形反演等先进地震数据处理技术的推广应用,其计算量又较原先常规处理技术增加 10 倍以上,再加上勘探节奏的不断加快,"两宽一高"勘探数据量、新技术应用和勘探节奏加快三个因素合并在一起,对计算机能力需求量将增加百倍以上。虽然经过近十年的不懈努力,研究院地震数据处理中心具备单个项目 100TB 级地震资料叠前偏移运算能力,但面对多个海量数据和先进偏移成像处理技术同时应用时,现有的高性能计算机就面临严峻的压力与挑战,无法满足油田勘探快节奏的需要。

为了深入贯彻习近平总书记关于加大勘探开发力度、保障国家能源安全的重要批示精神,切实把"不忘初心、牢记使命"主题教育成果落实到推动东方物探高质量发展的实际行动上。2019 年初,东方物探总经理苟量在研究院调研时明确指出:中国石油的勘探开发业务即将迈入智能化时代,面对地震数据处理高性能计算能力不足难题,研究院要按市场驱动、问题导向、合作共赢的原则,创新思路,充分利用云计算快速发展的机遇,闯出一条快速提升研究院高性能计算能力的新路。

为此,研究院院长冯许魁立即安排组织开展科技攻关,提出以自有计算机能力为基础,积极探索 HPC 云计算服务合作模式,即充分依托厂商云资源、公有云资源、国家超算中心等社会资源构建拍字节级地震数据处理的软硬件能力的新思路。通过调研了解到浪潮集团是中国领先的云计算、大数据服务商,凭借其高端服务器、人工智能、海量存储、云操作系统、信息安全技术,可以为客户打造领先的云计算基础架构平台。

东方物探与浪潮集团领导对物探云计算新模式都非常重视,两大公司

▲ 图2-23 2019年，东方物探和浪潮集团在涿州浪潮云项目签约仪式后合影（右八：浪潮电子信息产业有限公司董事长王恩东、右九：东方物探总经理苟量、右十：东方物探总工程师张少华）

积极探索管理创新、模式创新和合作方式创新模式，发挥双方在技术和市场的优势，于2019年5月双方签订"战略合作框架协议"，苟量总经理多次主持召开会议，全力推动云平台实施过程中遇到的许多新问题。图2-23为签约仪式后合影。

浪潮集团针对能源勘探业务中海量计算和超高吞吐的特点，为研究院量身打造"驻厂云"。此次浪潮集团搭建的油气勘探HPC云是面向能源勘探行业搭建的全栈式HPC云解决方案，不仅保证算力大幅提升和核心业务数据及系统的稳定安全，还融合了云资源的弹性优势，能够为不断增长的地震采集处理解释业务提供按需付费、灵活扩容的大规模集群计算资源，是一套轻资产、灵活扩展的创新方案。该云平台配备了浪潮双路服务器NF5280M5，它搭载644个最新一代英特尔可扩展处理器和128个英伟达Tesla V100 GPU（32G），配置25GbE高性能、低延迟、全线速浪潮新一代高端多功能数据中心CN12908交换平台和20PB华为OceanStor 9000分布式存储系统等产品，构建统一共享存储池，并提供了从 UPS、输出柜、密集母线、列头柜、水冷精密空调、冷通道封闭机柜和场地环境监控等全套数据中心基础设施，整合了浪潮从系统到管理的全栈方案能力，安装东方物探 GeoEast 软件后，建成理论峰值浮点运算能力高达 1.8PFlops 的石油物探行业高性能云计算平台，存储读写聚合带宽达到 160GB 以上，可有效满足石油物探拍字节级海量数据处理业务算力需求。该平台具备灵活的弹性和扩展能力，能够为后续扩容和功能扩展提供很好的支持。

2020 年初，新冠疫情的突袭让浪潮集团设备安装人员无法到位。研究院党委书记梁国林、院长冯许魁多次主持有关方协调会，要求克服疫情影响等一切困难，确保 6 月 15 日前投入试生产。研究院计算机技术服务中心环境保障室齐心协力，共克难关，圆满完成承揽的"浪潮云项目"基础场地建设任务（图 2-24、图 2-25）。

▲ 图 2-24 2019 年，研究院计算机技术服务中心环境保障室进行浪潮云项目场地建设

▶ 图 2-25 研究院浪潮云计算机机房实景（摄于 2021 年）

在研究院和浪潮集团的共同努力下，安装 GeoEast 软件的"浪潮云计算合作平台"于 2020 年 6 月 12 日投产使用，研究院先后有 10 个项目共计 1027TB 数据在浪潮云上快速完成叠前深度偏移成像处理，其中为塔里木库车、塔北、塔中三大勘探领域会战近 110TB 数据叠前深度偏移成像处理的顺利完成提供了强有力设备保障。7 月 27 日该项目顺利通过验收。

2021 年 8 月 30 日，浪潮云二期工程已顺利安装完成，最新的浪潮云一期、二期复合系统共拥有 1500 个节点、3000CPU、384 块 GPU，计算机能力达 10PFlops，存储达 22PB。浪潮云的投产使用使研究院地震资料叠前偏移成像能力得到了快速提升，目前的处理能力较使用浪潮云之前提升了4倍，它的建成不仅为近两年中国石油增储上产发挥了巨大的作用，而且还探索出了一条适合研究院前后方一体化特点的分布式常规地震数据处理计算机＋集中式地震资料叠前偏移成像云中心模式建设的新路。以此为标志，研究院"两宽一高"海量地震数据处理从此迈入了高性能云计算新时代！

下篇
勘探开发数据库建设历程

数据库是怎样炼成的
——高举信息资源共享的旗帜：共建、共用、共享

◎ 背景

20世纪七八十年代，改革开放后的中国面临着世界范围的经济竞争和纷繁的市场变幻。1978年3月中共中央召开了全国科学大会，这次大会被誉为科学的春天，邓小平提出了"科学技术是生产力，这是马克思主义历来的观点"的重要论断，中国科学技术事业特别是高新技术、信息技术进入了新的发展进程。国家制定新技术革命对策时，首次把发展信息技术纳入国家政策，信息技术的作用开始凸现。1984年10月，中共十二届三中全会通过的《中共中央关于经济体制改革的决定》，深入推进经济体制的改革，同时也揭开了中国信息化的序幕。

数据库系统的萌芽出现于20世纪60年代。当时计算机开始广泛地应用于数据管理，传统的文件系统已经不能满足人们的需要，以数据模型为核心的、能够统一管理和共享数据的数据库管理系统（DBMS）应运而

生。1961年，通用电气公司的Bachman开发出世界上第一个网状DBMS，也是第一个数据库管理系统——集成数据存储（Integrated DataStore，简写为IDS），奠定了网状数据库的基础。IDS具有数据模式和日志的特征，由于它只能在GE主机上运行，并且数据库只有一个文件，数据库所有的表必须通过手工编码来生成，所以，通用电气公司一个客户——BF Goodrich Chemical公司不得不重写了整个系统，并将其命名为集成数据库管理系统（IDMS）。

此后，各种类型的数据库管理系统接踵而来。1988年，IBM公司的研究者提出新的术语—信息仓库，各厂商开始构建实验性的数据仓库。1991年，W H Inmon发表《构建数据仓库》一文，使得数据仓库进入应用阶段。

石油工业是一个信息密集的产业，正如石油工业部副部长李天相所说："石油投资就是买信息。"勘探开发信息是石油行业信息的核心，拥有举足轻重的地位。每年都要花费上百亿元来换取勘探开发数据，而且随着普查、详查、三维地震勘探的深入开展，数据还会急剧增长。为了适应勘探开发生产管理和科研工作的需要，不少油田已分别在微机和中大型机上初步建立起勘探开发数据库。这些数据库基本上处于封闭或半封闭式的状态，只能在各自的油田或二级单位某专业范围内使用，应用范围有限且不能为其他单位共享。如何充分利用这些数据并扩展应用范围是当时迫切需要解决的问题。石油工业部的业务部门比较早就进行了这方面的探索，从1978年起就着手石油地质数据库的准备工作，组织了勘探数据库调查。1980年开设专题研究，1981年成立了"石油勘探建库委员会"，针对勘探开发数据库的筹建工作召开专门会议，五次修订《地质勘探标准化方案》。1983年召开了"石油勘探开发数据库"技术论证会，审议了勘探建库方案，在数据标准化和数据库管理方面积累了经验，为各油田的建库奠定了基础。

经过十多年的前期工作，截至1994年，中国石油和21个陆上油田分别在各自的大、中、小、微型机上建立了勘探开发数据库，并以数据通信和报寄软盘相结合的方式实现了勘探、开发、钻井各业务领域各自独立的总部—油田—采油厂三级数据管理网，使数据库在勘探、开发、钻井数的纵向管理上初步发挥了作用。勘探方面，大庆、胜利、辽河、华北、西南等油气田建库工作走在前列，例如大庆油田在赛伯中型机上建立了包含 11 大类 71 个文件的数据库系统，存储了 80% 的探井数据，基本满足数据共享及应用需要。开发方面，大庆、华北等油田分别在所属采油厂试建了一套比较完善的油田生产数据管理系统，开发了较为齐全的图形软件，在采油厂发挥了较好的作用。

虽然前期的勘探开发数据库取得了一定进展，但是从中国石油整体角度看，存在着比较严重的问题。各油田建设的数据库信息普遍缺乏严格统一的标准和规范，使数据库的信息资源不能共享和利用；采用的数据库系统、计算机和网络类型各异，为数据库的管理与联网增加了困难；网络与通信建设薄弱，数据库信息的共享、传递、检索、查询受到一定影响；应用软件的开发缺乏统一的规划和组织，软件商业化程度低，交流与推广程度不足。这些问题制约了勘探开发数据库的应用与发展。

◎ 接受任务　而今迈步从头越

客观形势的发展，迫切需要加强中国石油信息工作的组织领导，核心问题是要物色一位从经历、资历、学历各方面都能深孚众望的领军人才来担纲重任。时任中国石油天然气总公司科技局局长蒋其垲获悉陈建新正在北京学习进修外语，觉得他的阅历与能力比较匹配总部的人才需求。于是蒋其垲一面征询陈建新意见，一面积极向总公司领导与组织人事部门推荐，很快有了结果。1989 年 1 月 23 日，陈建新工作调动到科技局。第二天，中国石油天然气总公司副总经理李天相特意找陈建新进行了沟通，指出了加快勘探与开发数据库建设的重要性和迫切性，谈到国外石油公司正在通过计算机技术推进数据库的建设，这将会极大地推动石油工业的进步。中国石油天然气总公司每年要花百亿从地下获取数据，如何有效应用好这些数据，是中国石油天然气总公司信息化工作者要认真研究的。李天相表示，当前的工作重点是抓好勘探开发数据库的建设，建设数据库的想法由来已久，且先后有范元寿、胡朝元、阎敦实等主持推进相关工作，也取得了一定成果。但是从整体上看，普遍存在无标准化设计、无总体设计的无序情况，导致计算机种类庞杂、数据库管理系统各异，需要在已有基础上，扩展、强化总部与各油田及油田间的信息交流，改进交流内容及管理系统，不仅要加强纵向闭环的信息交流，更重要的是横向开环的信息交流与共享，以发挥信息为宏观决策服务和为微观咨询导向的作用。期望陈建新能够在科技局更好地开展这项工作，逐步建立健全一个有计算机网络支撑的、覆盖全国石油系统的勘探开发数据库系统。

陈建新深知自己虽然没有做过数据库技术工作，对勘探、开发的知识也缺乏全面的了解，但是无论任务多艰巨、情况多复杂，只能是勇敢面对，领导的信任就是克服困难的最大动力。为此，他首先调研了计算机在石油各领域的应用情况，于2月15日至3月24日，对华北油田、大港油田、江汉油田、大庆油田分别进行了现场调研。2月15—17日，在华北油田对研究院、设计院、物探公司、测井站等4家单位进行调研。2月20—24日，在大港油田对计算中心、录井公司、测井公司、采油厂、总机厂、机械厂、物探公司、研究院、设计院等9家单位进行了调研。3月4—6日，对江汉油田申请购买银河Ⅱ型巨型计算机的有关问题进行了考察，并对物探公司、测井所、测井公司、总机厂、钻头厂、研究院等6家单位进行了调研。3月18—24日，对大庆油田研究院、设计院、计算机办、采油六厂、测井公司、勘探部、大庆石油学院等7家单位进行了调研。通过这次调研，陈建新对计算机与数据库在石油工业的应用有了基本了解。

6月4日，陈建新在北京钢铁学院（现北京科技大学）图书馆完成了《石油勘探开发数据库系统规划》初稿编制，其中分析了现状，阐述了以往建库存在的缺少总体设计、缺少统一标准化、缺失统一组织领导等主要问题，规划了石油勘探开发数据库的总方针与建设目标、功能架构、数据库、网络、组织与沟通、工程投资及进度计划等内容。6月12日在科技局的办公会上，他将规划内容向局领导做了汇报。蒋其垲对规划方案十分赞同，当即拍案叫好，同意按规划开展工作，并批复了100万元的前期工作经费。

6月28日至7月1日，在北京石油学院组织召开了数据库研讨会，王一公、赵亚天、王占军、陈永迪、刘兰丰、王大山、李志伟、吕志良、李顺晟等参加了会议，针对数据库管理软件的选型进行了研讨。会议讨论结果认为，石油系统数据库建立在IBM、DEC、CDC等多种大、中、小微型计算机上，为充分利用这些资源，使所建数据库的信息能共享、传递和检索，需要建立起一个统一规范化的分布式数据库管理系统，将各油田的数据库联接成一个整体。当时最好的解决方案是引进国际主流信息技术公司推出的分布式数据库管理系统，经过多方比较，认为ORACLE数据库管理软件作为石油系统的主流应用软件较为合适。当时的ORACLE是关系型数据库，用C语言编写，采用标准SQL语言，具有广泛的兼容性和可移植性，可在多种操作系统下运行，且提供功能很强的第四代语言工具在内的支持环境，因此，为多种大、中、小型机所采用。引进ORACLE数据库管理软件，将有利于整个石油系统计算机的应用和人员素质的提高，并能够加快数据库的建设工作。

8月24—27日，科技局会同勘探局、开发局和钻井工程局在大庆组织召开了"勘探开发数据库技术交流会"。这是开展建库工作以来规模最大的一次技术交流会议，不仅是勘探开发数据库的建设动员大会，更是誓师大会，在统一认识、交流技术、增强信心、明确方向等方面发挥了重要作用。通过这次会议，学习了大庆油田建库经验，明确了"八五"期间中国石油天然气总公司的建库目标，增强了建库信心。来自35个单位的121名从事数据库建设的专家和领导干部参加了会议。蒋其垲主持会议，开发局总工程师周成勋、大庆油田副局长丁贵明出席了会议。会议贯穿了"回顾、展望、团结、奋进、学大庆"的主题，交流了各油田建设勘探开发数据库的技术与经验，讨论了《石油勘探开发数据库系统规划》，商议了石油勘探开发数据库科技攻关课题，安排了下一步建库工作。

会上，蒋其垲回顾了之前的建库历程、取得的成果和存在的不足。他指出，一定要做好数据库规划，要干实事，要抓好总部到各油田的主要信息流管理，尽快见效；石油工作者的岗位在地下，斗争的对象是油层，全都靠信息来描述、实现、检验和控制；要通过勘探开发数据库的建设，实现计算机资源连接，信息资源共享。

◎ 总体设计组成立　扬帆起航正当时

科技局于 1989 年 10 月 6 日呈报《关于申请购买数据库管理系统软件的报告》，10 日李天相批准该报告，用于统一引进 ORACLE 数据库软件的费用列入 1990 年投资计划，为勘探开发数据库建设给予了资金保障。

科技局成立由陈建新担任组长的数据库总体设计组。10 月 13 日，由来自大庆、胜利、长庆、江汉四个油田，西安石油学院、西南石油学院二个院校和总部有关部（局）、石油勘探开发科学研究院、通信公司等单位的 26 位勘探、开发、钻井和计算机人员组成的总体设计组，在石油勘探开发科学研究院集中开展工作。

总体设计组下设了数据库组、网络通信组、标准化组和系统组。总体设计组的任务是完成概念设计、逻辑设计、物理设计，收集分析修订整理出有关标准、编码、辞典文件，制定通信、网络、设计方案和实施计划，做好 ORACLE 的引进使用和培训，提出相关科研攻关课题。**数据库组**负责组织数据库系统的需求分析、逻辑设计、总体设计方案，并组织实施，指导并协调全国勘探开发数据库系统内各单位各层次的物理设计和系统实施相关工作，组织并促进应用软件的开发和推广等。下设勘探、开发、钻井三个小组，分别由赵树人、赵亚天、孙彪负责。**网络通信组**负责确定总公司广域网总体结构和网络通信协议，配合有关部门拟定网络互连和网络信道改造方案，编制网络实施计划等，由梁振军负责网络，张士英负责通信。**标准化组**协同石油信息与计算机应用专业标准化委员会，负责制订石油工业信息分类编码导则，以统一全国石油系统的信息编码工作；负责制订勘探开发信息标准体系表，以规划并指导今后勘探开发信息标准化工作；负责并指导勘探开发信息编码工作，由王一公负责。**系统组**通过评估、考核，确定主流数据库系统，办理统一引进工作，组织验收、试用考核及培训工作,组织并指导分步开发工作,由马洵负责。

总体设计组的工作方式采用集中与分散相结合。前期集中为主,总体设计组成员不定期到油田宣讲,记录见闻,再返回总体设计组。第一阶段集中了5个月,从1989年10月到1990年3月用了近半年的时间进行了调查和分析工作。调查的目的是摸清系统内部各用户对数据库系统的需求情况,各用户相互之间的关系,以及各种影响因素和制约条件,以便确定系统的目标、功能、数据结构、网络结构、通信协议和物探开发信息标准体系表,为逻辑设计打下良好基础。调查对象分为内部与外部两个方面,在总部层面,包括勘探部、开发部、钻井局、通信公司及其下属处、室,石油勘探开发科学研究院各有关所、室,石油工业标准化委员会及其各有关专业委员会;在各企事业单位层面,包括大庆、胜利、辽河、华北、大港、四川等油田;在外部单位层面,包括航空航天部、中国科学院有关所、铁道部、交通部、邮电部、国家信息编码研究所、亚运工程、海洋石油等27个部、委、所单位,以及IBM、DEC、ORACLE、CDC、UNISYS等9个主要外国计算机公司的驻京机构。调查方法主要采用了登门拜访、请教、讨论、基层座谈研讨或专家来京座谈研讨、印发征求意见稿、调查表广泛收集意见,召开咨询会、研讨会、审议会听取专家意见等。通过调研,数据库组摸清了数据的发生、流向、流量等生产管理机制,也基本掌握了各级研究单位的研究课题对数据的依赖情况。网络组和系统组掌握了国内计算机网络、数据库建设及其应用水平,大体掌握国外计算机网络技术发展水平及异构机种联网能力。标准化组明确了油田勘探开发数据工作对标准化的迫切需要,认识到制订勘探开发信息标准体系表及石油工业信息分类编码导则的重要性和紧迫性。

1990年3月19日、4月9日、4月18日和4月26日四次邀请中国石油天然气总公司有关部(局)和大庆、渤海湾地区等油田级的专家召开会议,评议由总体设计组提出的《勘探开发数据库系统需求分析》《石油系统计算机广域网总体设计方案》《石油工业信息分类编码导则》《石油工业信息系统标准体系表》等征求意见稿。在此基础上完成了《石油勘探开发数据库系统总体设计方案报告》及其四个分报告，包括勘探分系统、开发分系统、钻井分系统等三个需求分析报告和全国石油计算机广域网总体设计方案。

总体设计组明确提出了"以共享勘探开发信息为目的，形成以中国石油天然气总公司为中心，局级勘探开发数据库为主体，勘探公司（采油厂）管理信息系统为基础，钻井队（采油队）为信息源，以网络为支撑的统一规范的四级分布式勘探开发数据库系统。在信息管理系统的各层级建设以信息健全，高度共享为前提，提供各种实用的生产管理软件、工程技术管理软件、分析决策软件及科研成果，提高全石油系统的科研水平，决策水平及现代化管理水平"的总目标。在这个目标指导下，石油勘探开发数据库系统建设总方针包括：

重新树立信息观念。加强信息观念，深刻理解李天相关于"石油投资就是买信息"的讲话要点。各级领导要把信息管理与生产管理放在同等位置来抓，提高从信息的高效管理和科学使用上获取最大经济效益的认识。从政策和组织两个方面加强对信息管理工作的宏观指导。这是在当前体制和条件下建立勘探开发数据库系统的基础措施和根本保证。

加强基础工作。建立勘探开发数据库系统是一项涉及面广、综合性强的系统工程。基础工作是决定工程成败的关键。"三分技术，七分管理，十二分基础工作。"一语道出了基础工作在管理信息系统中的分量、难度和重要性。基础工作不扎实，再好的系统也会变成空中楼阁。因此，必须把基础工作放在首位来抓，尽快推出石油系统各类数据标准化规范及软件规范。同时把数据信息的采集、组织和管理标准化、科学化。

确定主流数据库系统。各油田的数据库专家一致推认ORACLE作为今后应用的主流数据库系统，并建议中国石油天然气总公司统一引进，分步开发。已引进的其他数据库系统，要做好向ORACLE的移植或数据转换工作，新引进机型考虑ORACLE的选配和使用，争取在"八五"期间基本统一到ORACLE数据库系统上来。

建网与建库同步进行。石油勘探开发数据库系统是一个遍布全国各油田的四级分布式数据库系统（总部、管理局、厂、队）。各级数据库系统依据管理和使用的需要有其特定的数据内容和功能，将分散的各级数据库联接起来方能构成一个全方位的、健全的石油勘探开发数据库系统。因此，必须把建立计算机网络与建立数据库同步考虑、同步进行，建成一个覆盖全国石油系统的由多种机型组成的计算机网络，为各类信息的快速传输和交换创造一个良好的支撑环境。

确定长远的应用开发目标。在网上建立石油勘探开发数据库系统的根本出发点在于创建一个资源共享的应用支持环境，在建立各级数据库系统的同时，必须把共享程度、检索性能、灵活程度、实用性能放在首位考虑，并需广泛研发面向生产管理、科学研究和辅助决策的软件系统。使之成为网络通信、数据库、开发应用三方面并举的数据库系统环境。

在以上总方针指导下，总体设计组设计了系统的整体功能架构，进行了数据库软件选型，规划了统一建网方案，提出了建库工程思路，对项目管理的组织形式、工作方法提出了建议。

系统的功能架构方面，石油勘探开发数据库系统的功能结构根据石油勘探开发信息系统流向和功能特征，依现行管理机制分为总部、局（油田）、厂、队四个层次。每个层次中的每个部门按职责范围和使用的需要存储并管理着特定的数据内容，自成一个相对独立的子系统，从全局看，逻辑上统一、物理分布呈层状树形分布。从最高级（总部）每下落一层，子系统的个数就增加一个数量级，其优点：能最大限度地降低冗余；便于维护和管理；在每一级数据库存储的往往是该级最关切的数据内容，可靠性和准确性容易保证，同时降低了系统开销；容易保证数据的一致性；便于强化信息的标准化、制度化管理；提高了各级子系统的专用性能。数据库系统的功能划分与数据存储的层次处理基本相似，自下而上用于宏观决策控制的功能逐级增强；自上而下用于指导实现上层决策的实施功能逐级具体。大体可划分为三个层次：决策层、管理层和实施层。

数据库软件选型方面，为使系统实现分布式结构设想，满足数据共享、传送和协调运行的需要，针对当时各单位机型不同、品种繁多、操作系统及数据库管理系统不统一的状况，必须对运行的操作系统 VMS、MVS、UNIX、NOS、DOS 及数据库管理系统 RDBS、MDS—170、SQL/DS、DB2、DBASE—Ⅲ等进行认真的清查分析，对原有的数据进行归并清理，统一到 ORACLE 数据库系统。

在统一建网方面，制定统一的网络通信规程、协议，是充分开发利用数据库资源的基础保障。经过比较并参考当时国际上主流的网络性能和石油系统现有机型的实际配置情况，在大、中、小型机上计划重点采用 SNA 网络协议和 Decnet 网络协议，以 TCP/IP 协议为标准，微机局域网重点发展 3COM 公司多任务多用户功能的 3OPEN 网。顾及各二级单位的微机多属 IBM PC-xT 档系列，采用 3 网 DOS1.3.1 PLUS 版比较实用，逐渐升级到 3OPEN。采用网络对接技术，建立一个健全可靠的广域网络系统。

工程建设方面，工程投资采用分期分批、急用先行、边投资边见效的方法，减少工程费用集中投入的压力。工程进度方面，争取做到三年之内初见成效、五年之内推广应用、"八五"期间全面高质量完成勘探开发数据库的总目标。制定了具体工作计划进度（表1）。

表1　工作计划进度

序号	内容	起止时间	所需时间
1	总体设计	1989.8—1990.6	10个月
2	数据库管理系统软件引进	1989.8—1990.4	8个月
3	建库模式（大庆油田、华北油田）	1990.1—1991.6	18个月
4	建网模式（大庆油田、华北油田石油勘探开发院）	1990.1—1991.6	18个月
5	计算中心建立	1990.1—1991.6	18个月
6	人员培训	1990.1—1991.6	18个月
7	通信系统改造	1990.1—1992.12	36个月
8	推广建库	1991.7—1992.12	18个月
9	总体联网	1993.1—1993.6	12个月
10	系统试运行	1993.7—1994.6	12个月
11	鉴定验收	1996.1—1996.7	6个月

项目管理方面，提出了三个方面的建议。一是尽快建立健全组织，成立建库领导小组，由总部领导及科技局、勘探局、开发局、钻井工程局、通信公司、计划局、财务局、外事局和办公厅有关领导组成，负责决策重大技术方案、总体部署、年度工作安排、技术经济政策与工程项目投资等内容；成立总体设计小组，由勘探、开发和计算机专家组成，负责标准化与技术工作，下分数据库小组、网络通信小组和质量控制管理小组。二是抓紧开展前期工作，组织专人开展数据标准化、代码统一化、储存格式统一化和数据库技术相关工作，做好各油田计算机、通信和数据库资源的调查，并组织起各个层次的数据库技术开发与管理队伍，着手开展培训工作。三是建议为石油勘探开发数据库系统立项。为了有领导、有计划、有步骤地顺利开展工作和完成任务，建议将建立勘探开发数据库系统列入中国石油天然气总公司"八五"期间的重点科技攻关项目。

◎ 项目确认　郑州会议开启建库新篇章

总体设计组经过半年多的调研与集中办公，形成了完整的勘探开发数据整体规划材料，包括总体设计组的总体设计方案报告和勘探、开发、钻井分系统需求分析报告，数据库管理系统选型报告，以及计算机广域网总体设计方案，石油工业信息分类编码导则，石油信息系统标准体系表等8个报告（图3-1）。1990年6月10—14日，中国石油天然气总公司在郑州召开了"石油勘探开发数据库规划会"（图3-2），提出"提高认识，加强领导，团结奋斗，搞好规划，迎接勘探开发数据库的新阶段"的口号。大庆、胜利、中原等油田，石油勘探开发科学研究院，石油大学（华东）、西安石油学院、大庆石油学院及有关部局，以及石油工业信息和计算机应用标准化委员会（简称信标委）等32个单位148名代表参加了会议，中国海洋石油总公司应邀参加会议。

会议交流并审议了各油田建立勘探开发数据库的规划，安排了科研攻关课题和标准化的修订任务。确定了石油勘探开发数据库"三年初见成效、

▲ 图 3-1　1990 年 6 月，郑州会议讨论的 8 个报告

▲ 图 3-2　1990 年 6 月 10 日，石油勘探开发数据库规划会现场

五年基本建成"的基本工作目标，明确首先要抓好东部地区和西部地区有条件油田，率先建成分布式数据库，围绕总的建库任务要求，在抓好系统建设前期准备的基础上，从现在开始，近二至三年内重点抓好技术环境的建设，做好总部与油田一级的网络通信层的建设，以及分布式数据库的引进和使用工作，落实"八五"期间的数据库科研任务和标准修订任务，并组织力量完成勘探、开发、钻井三个专业的建库任务。会议同意总体设计组提出的《石油系统计算机广域网总体设计方案》，并确定在中国石油天然气总公司与各油田一级网络的层面必须采用TCP/IP协议；由总体设计组对《石油工业信息分类编码导则》《石油工业信息系统标准体系表》进行必要的修订后，送呈有关部门审批，作为试行稿下发。图3-3为会议期间蒋其垲与标准化组成员合影。

1990年7月4日，中国石油天然气总公司总经理王涛，副总经理李天相、金钟超等领导听取了科技局关于石油勘探开发数据库工作情况的汇报，发布了（90）中油科字第440号文件《关于开展石油勘探开发数据库建库

▲ 图3-3　1990年6月，在郑州金桥宾馆，蒋其垲与标准化组成员合影
（左起：吕顺祥　钱玉怀　陈建新　王继贤　蒋其垲　王一公　郭　军　张怡荣　常建军）

工作的通知》。这个文件的下发，是系统建设历程中的重要里程碑，它明确要建立一个以信息共享为目的，以中国石油天然气总公司为中心，各油田（企业）为主体的分布式数据库系统；总目标是在"八五"期间建立一个石油工业综合数据库；工作中必须坚持集中统一领导、统一规划、统一标准规范、统一实施；列入"八五"重点工程计划；成立由李天相牵头的石油勘探开发数据库领导小组和协调委员会，协调委员会由科技局牵头，蒋其垲任主任委员，陈建新任秘书长，由各部局配合开展工作。

蒋其垲勉励大家："我们搞数据库，有点像共产党人的初衷，共'信息资源'的产。尽管困难重重，但使出共产党创始人那种开天辟地、改造世界的劲头来，什么困难都是可以克服的。要坚定这个信心。"数据库建库工作，从此全面拉开战线，进入了新的篇章。

◎ 数据库会战　吹尽狂沙始到金

1990年8月1日，总体设计组讨论了下一步工作安排，对概念设计与逻辑设计、技术分析、科研立项、培训计划、信息化任务和计划外任务进行了梳理（图3-4）。9月5日—10月6日，赵亚天去胜利油田调研标准化工作，共完成132个文件，1716个数据项，对标准化起到了推动作用。10月到12月，总体设计组开展了新一轮调研工作，10月23日到大港油田，25日到江汉油田，29日到西安石油学院，31日到四川局进行了调研。

1990年12月6日，勘探局、开发局、钻井局、大庆油田、胜利油田、华北油田、大港油田、辽河油田、新疆油田等17个大单位、31个小单位的72名同志（大庆油田23人，其他49人）集中于大庆；12月7日召开了数据库逻辑设计大会，12月8日召开了全体大会，开展建库工作的第一场会战，以大庆技术环境为依托，发挥东部油田为主的优势技术力量，主攻详细方案设计及试验工作。总体设计组集中在大庆八个多月的时间里，得到大庆石油管理局领导丁贵明、瞿国忠、牛超群，大庆油田开发研究院计算中心李成斌，以及勘探处、开发处、信息中心等二级单位的大力支持与

▲ 图 3-4 1990 年 8 月，河北北戴河大庆石油学院分校，勘探开发数据库总体设计组成员合影（前排：左二赵亚天、左四马玉书、左六梁振军、右三陈建新、右二赵树人、右一马询，二排：左二王秀明、左三王一公、左四张世英）

配合，使数据库设计、试验等工作如火如荼的开展起来，得以顺利进行。

12 月 26 日系统网络组讨论了大庆联网方案；12 月 27 日召开了数据库总体设计组动员大会；12 月 29 日组织了大庆网络经验交流会议；1991 年 1 月 4 日组织关于数据库的讨论；1 月 10 日邀请重庆大学专家讲解了 ORACLE 数据库；1 月 25 日黑龙江大学教授、数据库专家李建中讲授了数据库设计理论与方法。1990 年 12 月到 1991 年 6 月为期半年，总体设计组培训及研发节奏紧凑，开发小组编制出七大类 1400 多项文件，网络组提出了大庆油田网络总体分布设计方案，数据库组进行了功能试验、系统汉化与网络整合试验，标准化组统一了汉语拼音编码方案。

1991 年 2 月 21 日在北京八角村，总体设计组向勘探局汇报并讨论了勘探数据库的文件结构，参加讨论的有大庆油田、辽河油田、华北油田、胜利油田、大港油田、石油勘探开发科学研究院等单位 15 人。勘探局局长查全衡表示，总体设计组给出的上中下三册几千页的文件，是苦苦追求十年的结果。上册生产部分为统一建库将起到指导作用，促进科学管理，经油田征求意见后可以试行；中册管理部分作为推荐本；下册综合研究部分可逐步完善。2月22日，总体设计组向开发部汇报开发数据库，开发部总工程师周成勋、潘兴国听取了汇报。周成勋明确决定油藏工程部分修改后，3月底下发试行；采油工程部分，4—5月下发试行；开发部将数据库建设作为1991年的工作重点，成熟一部分，推广一部分。

1991年3月3日，总体设计组向协调委员会汇报在大庆的工作。这是大庆石油会战的整体总结会和战果展示会。王涛等领导出席了此次会议。协调委员会主任蒋其垲肯定了总体设计组集中会战的做法，提出要3年初见成效，1991年3—7月完成设计，下半年数据入库。要抓好三个重点，一是加快主流机型、软件的引进工作，年底到位；二是同步着手解决网络问题，在1992年以前见效；三是开发好应用软件。

1991年3月16—23日，总体设计组经石油勘探开发数据库领导小组指示，做了周密的工作安排，紧锣密鼓，抓紧数据库的设计、试验和文档准备工作，同时推动科研课题的配套立项，使建成的数据库在应用上发挥作用。6月25—27日，在北京召开了石油勘探开发数据库三级课题论证会，根据"以勘探、开发、钻井先行，以生产管理应用为主线，加强系统和网络的研究"的原则，初步审定了7个二级课题、34个三级课题。7个二级课题分别是石油勘探开发数据库总体方案设计研究（包括4个三级课题）、石油勘探分系统建库及应用研究（包括6个三级课题）、油田开发分系统建库及应用研究（包括6个三级课题）、钻井分系统建库及应用研究（包括5个三级课题）、分布式数据库管理系统软件开发及研究（包括9个三级课题）、网络通信技术研究（包括2个三级课题）和信息标准化研究与数据质量控制（包括4个三级课题），由总体设计组，石油勘探开发科学研究院，大庆等各油田、重庆大学、大庆石油学院等多家高等院校共同承担。会后，根据（91）科字第228号《关于"石油勘探开发数据库"科研课题立项的有关事项的通知》文件要求，1991年下半年，各油田及院校共同努力，完成了开题报告及相关文档附件的编写工作,并组织将课题的研究方法、阶段目标、相关技术、人员安排、经费预算等关键问题进行论证。

◎ 渐进明细　数据库选型与工程可行性研究确定

1991年5月22日,中国科学院计算技术研究所所长曾茂朝按李天相要求,在该所召开了石油勘探开发数据库系统咨询会,邀请国内一流专家周龙骧、钟萃豪等10人讨论ORACLE数据库的选择及应用。李建中代表总体设计组数据库系统建设做了全面介绍,大家一致认为选用ORACLE对于石油勘探、开发是适合的,主要表现在大型异构、分布类型的应用。就此,对选用ORACLE数据库的争议基本尘埃落定。

数据库建设工作,是在不断倾听国内知名专家的评论、评价、指导下不断优化、提升的过程。1991年8月10日,总体设计组召开全体会议,讨论为即将在杭州召开的数据库评审会议做好对161个文件2899页,30个附件进行修订的准备工作。大庆采油六厂20多人针对开发数据库部分的资料,进行了一周的集中办公,修改逻辑、物理设计的主要部分,完成为数据库评审会所准备的200多套、6000多页的文档。9月10日,在哈尔滨召开了数据库评审会。按李天相要求,邀请国内专家评审,成果资料公开。中国科学院计算技术研究所、数学所,中国人民大学等单位的张云霄、吴湘、陈德泉、罗伯昌、周龙骧、王行刚、莎师宣、楼少华等行业翘楚,对数据库工作给出了评价和希望。

1991年12月6—15日,规划设计总院技术咨询公司在北京召开了大庆、吉林、辽河、大港、华北、胜利、中原、江汉、四川、玉门十个油田的"石油综合数据库工程可行性研究报告"专家评估会。江苏油田、河南油田、长庆油田、滇黔桂油田的代表列席了会议,李天相到会做了重要讲话。十个油田从建库的实际出发,分专业、按层次地提出了内容比较全面、系统性比较强的可研报告,但与总部总体方案的要求还有一定的差距。

会议期间,专家与油田代表共同研讨,贯彻了以勘探、开发、钻井综合数据库系统为重点先行建库的原则，在统筹规划的基础上，先行实施急需的、成熟的部分的指导思想，充分利用现有的计算机、网络及通信资源，根据规模需要，分档次进行设备选型与配置的建库方针。这次评估会的召开，是数据库建设的又一个里程碑，标志着勘探开发数据库项目已经从总体设计阶段，正式迈进工程化实施阶段。

为了验证总体设计方案的正确性和先进性，也为了借鉴国际先进技术和做法，对总体设计方案形成有益的补充和提升，以科技局、石油勘探开发科学研究院、大庆油田有关人员组成的石油数据库及网络技术考察组一行7人，由蒋其垲带队，陈建新、赵亚天、赵树人、梁振军、马洵、秦志军参与，于1992年4月19日至5月17日在加拿大、美国对25家单位进行了访问，包括石油公司、计算机公司、通信网络公司、大学和政府部门等，主要对石油数据库、数据库管理系统、网络技术、并行计算机应用及发展等进行了考察。图3-5、图3-6为考察期间成员合影。

▲ 图3-5　1992年，蒋其垲一行赴加拿大考察时合影
（左起：马洵、赵亚天、陈建新、蒋其垲、赵树人、梁振军、秦志军）

▲ 图3-6　1992年，蒋其垲一行在加拿大卡尔加里考察访问 [左起：赵树人、陈建新、马洵、蒋其垲、鲍勃·鲍尔顿（CDC 公司资深顾问）、郭海鸥（CDC 公司中国区总经理）、赵亚天、梁振军、秦志军]

通过考察发现，选择的 ORACLE 数据库和基于 TCP/IP 的网络协议是国际主流；加拿大石油公司和美国石油公司在石油数据模型 PPDM 与 POSC 所做的工作与总体设计组所做的概念设计、逻辑设计工作相类似，工作结果也十分接近，这也证明总体设计的工作思路、技术路线是正确的。值得注意的是，POSC 起步虽然更晚，但资金雄厚，每年投资 700 万美元，技术更先进；PPDM 已经付诸实践应用。中国石油天然气总公司有必要与国外相关单位加强联系与合作。

在应用软件方面，加拿大各石油公司和应用软件公司以实用配套为主，不过分追求先进的技术，加拿大 ATS、Digitech、以 PPDM 为基础开发的应用软件值得借鉴。这些软件已经把数据库和地理信息系统相结合，以地图方式展现井信息，用数据库系统管理生产、管理数据和井数据已经成熟，中国石油天然气总公司引进关键软件技术，会切实加快建库步伐。

◎ 面对质疑　总体方案在新一轮论证中提高

1992年3月11日，李天相从副总经理职务退休。不久，蒋其垲也退休了。至此，直接领导数据库建设的两位领导相继退休。部分新领导和专家对之前形成的勘探开发数据库的总体设计方案及其采用的技术、数据库与计算机选型等方面不甚了解，对工作提出了质疑，总体设计组的工作遇到了困难。7月19日，科技局向王涛、张永一、吴宗英汇报了勘探开发数据库的工作进展与问题。

主管科技工作的新任副总经理主要聚焦工作中三个方面的问题：一是计算机选型，选择的RISC技术是20世纪90年代初的新技术，在国内还鲜为人知，大多数人不明白原理，少数人对此有非议。二是对于提供计算机硬件的CDC公司是否能够长期稳定地提供技术支持的问题，由于当时美国一些大的计算机公司，如IBM、DEC、UNISYS、CDC等公司经营不景气，加之微机、工作站等陆续出现，严重冲击大型计算机的市场，一些大型计算机生产商开始调整经营方针和发展战略。CDC公司亦然如此。该公司总裁和合作伙伴SGI公司总裁分别发表了致用户的公开信，阐明要加强对用户的服务和技术支持，但是领导对支持的质量仍存担忧。三是数据库建设方面，建库工作依托项目，技术人员主要靠临时从各油田、院校抽调，采取打游击、会战的方式组织起来，队伍极不稳定。

认识不一致，思想不统一，一把手不理解不支持，是项目管理面临的最大难题。为了解决这些问题，1992年10月16日在北京石油干部管理学院召开了"综合数据库工程设计方案专家论证会"，来自中国科学院、清华大学、太极公司的马影琳、钱华林、胡道元、徐非等8名专家，来自IBM、DEC、巨龙公司的李良骥、薛军、阚庆利等10名专家，以及石油大学（华东）、规划设计总院、东方物探、石油勘探开发科学研究院的马玉书、金德鑫、王宏琳、王秀明等5名专家，共23人参加了会议。会议由科技局局长曾宪义主持，总体设计组分别对综合数据库总体方案，以及勘探开发数据库规划、需求分析等10项相关工作进行了汇报。专家分为四组，对石油综合数据库工程设计方案进行了论证。"TCP/IP作为网络体系，作为本工程网络标准是对的"，"选用ORACLE数据库是可行的"，"从体系结构来看，这种方案是现实的、可行的，从立足开放的角度，这样选择是正确的"。与会专家也提出了在网络协议和数据库管理系统选择、系统的开放性和兼容性、办公自动化、加强应用软件的开发、加强广泛合作等方面的建议和意见，进一步论证了总体设计方案的正确性，统一了思想和认识，同时又对工程方案形成了有益的补充，为下一步工作的推进指明了方向。总体设计组再次鼓足了干劲，按照计划开展建库工作。

◎ 广域网试验 天涯若比邻式的突破

国外考察回国以后，网络组为了在国内开展TCP/IP组网试验，向国际分配网络地址的NIC（Network Information Center）申请了中国石油天然气总公司的B类地址，为在国内组建首个TCP/IP网络和中国石油天然气总公司后来的互联网建设打下基础。1993年2月，科技局组织在大庆进行了石油综合数据库广域网应用试验。通过大庆油田信息中心CD4360计算机进行远程登录石油勘探开发科学研究院计算机，运行油田开发生产管理软件，经卫星、光纤信道，读取大庆油田信息中心CD4680计算机上开发数据库的数据，处理出生产调度用的15张管理报表，然后经光纤信道传送至中国石油天然气总公司信息中心终端显示并打印输出。在现在的互联网看来，这种功能很简单。但在当时，这种通过光纤、卫星、微波多种信道实现数据库分布查询应用软件远程登录和调用的功能在国内尚属首次，它标志石油综合数据库广域网的应用新开端。这一技术对改变传统观念和现行管理方式，实现现代化管理和科学决策将产生重要影响。是数据库广域网取得的建设成果，列入了中国石油天然气总公司1993年石油战线十大科技进展。

1993年3月，中国石油天然气总公司决定成立信息中心，陈建新任主任。1994年4月3日下发《关于加强总公司信息中心工作的通知》[(93)中油劳字第234号]，明确信息中心负责石油工业所需各类信息的收集、储存和管理，促进信息资源共享和利用；负责组织石油专业信息、经营管理信息的数据库设计及应用软件开发；负责中国石油天然气总公司信息中心计算机网络建设，指导石油企事业单位信息中心工作及数据库工程建设。负责中国石油天然气总公司机关办公现代化工作，协调各部门信息分系统的建设、开发与应用，并提供各种技术支持。

1993年9月15日，中国石油天然气总公司信息中心委托北京石油管理干部学院计算中心举办了机关干部计算机知识普及培训班。在课程设置上，从实用、高效，提高操作技能的角度出发，相继开设了《中国石油天然气总公司办公大楼局域网介绍》《计算机原理及应用》《DOS操作系统》《WPS及CCED常用办公软件》《计算机病毒的防护与解除》等课程，使学员在短时间内掌握尽可能多的实际操作技能。

中国石油天然气总公司信息中心在北京石油管理干部学院建立了石油信息系统培训中心。为了配合中国石油天然气总公司的计算机网络、大型数据库建设与应用，1995年3月13日，北京石油管理干部学院与美国ORACLE数据库公司（中文名称：甲骨文公司）共同建立了ORACLE联合大学（图3-7）。太极、同天科技、宏碁讯息、北京华利、新天地等公司提供了大量的软硬件及相应技术支持。北京石油管理干部学院滕永昌、张效陶等还为ORACLE数据库培训教学编著了ORACLE数据库系列教材，由清华大学出版社出版。1995年3月至2002年3月，在北京石油管理干部学院举办了计算机系统网络、ORACLE数据库管理员与开发者、UNIX操作系统、INTRANET强化与国际研讨、计算机2000年问题技术等共计28个专题培训班，以及中国石油天然气总公司财务、劳资、办公自动化、开发局调度、中油销售系统软件等16个应用培训班，累计培训2258人次，为中国石油天然气总公司培训了一大批计算机网络和数据库应用的骨干人员。

▲ 图 3-7　1995 年 3 月 13 日，ORACLE 联合大学在北京成立（前排：右二为 ORACLE 公司中国区总经理冯星军，右三为石油管理干部学院院长尹道墨，右四为陈建新，右五为刘振武）

◎ 首届大会　从数据库建设迈向信息化建设

　　1993 年 11 月 24—27 日，中国石油天然气总公司信息工作会议在北京召开。这是中国石油天然气总公司信息化第一次空前的盛会。来自各司局、各油田、有关科研院所的 150 多名同志参加了会议。会议开幕当天，国家信息中心主任高新民亲自到会并做重要讲话，对石油信息工作提出了新的希望和要求。中国石油天然气总公司信息中心用精彩的演示，为参会代表展现了集计算机、通信、数据库、网络及多媒体技术于一体的最新成果，数据库分布式透明查询、文件远程传输、调用、登录、电子邮件等都在信息中心、石油勘探开发科学研究院、大庆油田信息中心、大庆采油六厂连成的广域网上成功实现，这一切令全体代表耳目一新，为之振奋。图 3-8

▲ 图 3-8　1993 年 11 月，来自中国石油天然气总公司有关单位的信息化工作者在石油系统信息工作会议后合影

为与会人员合影。

会上，陈建新做了题为《统一思想，锐意进取，努力开创石油系统信息工作的新局面》的工作报告，全面总结了信息工作基本情况，分析了国内外产业与信息化形势，并在此基础上提出了"八五"后期的工作部署和"九五"设想，提出了信息工作基本构思，即建立强有力的组织保证体系，全面推进首脑机关办公自动化、数字通信网络化、信息产业化进程，加快重点工程项目的研究开发，建立良好的信息应用环境，为石油工业全面进入市场提供优质高效的信息服务。明确了信息工作的目标，即初步建成一个与社会主义市场经济相适应，石油工业市场体系相一致，功能齐全、网络规范、手段现代化、服务产业化、面向社会、面向经济，为企业的生产、经营、科研和管理服务的结构合理、高效、综合的信息系统。

会上，专题报告了石油工业信息系统的总体构想、石油信息产业及通信网络建设；大庆油田、辽河油田、新疆油田分享了信息化建设经验；参观了国家信息中心和对外贸易经济合作部信息中心。会议内容丰富多彩，在当时具有较强的创新性，参会代表强烈感受到了信息化的进步带来的冲击。

◎ 全面推进　直挂云帆济沧海

中国软件行业协会石油软件分会受科技局委托，于1993年2月9—10日在中国石油天然气总公司信息研究所组织召开了对大庆、辽河、大港、中原、胜利、四川、长庆、玉门等八个油（气）田的《石油综合数据库工程总体设计方案》的审核会。特聘请来自机电部、清华大学、人民大学、北京大学、中国科学院、国家信息中心，以及大庆油田、石油勘探开发院、通信公司、华北油田等单位的13名专家组成专家审核委员会，认真听取各油田的汇报，仔细审阅了各单位提交的报告，并交换了意见，分析研究了各油田的设计方案，提出明确的指导意见。会后，总体设计组整理专家意见，下发了（93）科字第27号文件《关于对大庆等八个油田〈石油综合数据库工程总体设计方案〉的批复》。10月14日，中国软件行业协会石油软件分会在北京组织召开了对新疆、河南两油田的《石油综合数据库工程总体设计方案》的专家评审会。

1994年，在首届石油信息大会的鼓舞和带动下，石油综合信息系统的建设进入全面建设的新时期。8月，为了加快石油综合信息管理系统及其网络建设，信息中心和通信公司组织召开了石油数据通信广域网工程建设方案及项目落实会议。会议分两个片区，8月10—11日在辽河油田召开，辽河油田、胜利油田、中原油田、大港油田、冀东油田、华北油田和中国石油天然气管道局参加；8月17—18日在新疆油田召开，新疆油田、塔里木石油勘探开发指挥部、吐哈油田、长庆油田、玉门油田、青海油田、河南油田参加。此次会议按照"统一规划，统一规范，统一管理"的要求，确定了广域网工程建设的方案，并逐个确定了各相关单位的相应工程项目内容以及统一组织实施的具体办法和进度安排。

他山之石，可以攻玉。1994年9月20—24日，总体设计组特别邀请美国华人石油协会会员德士古公司冯冰梅及雪佛龙公司项海丽博士等专家来华进行技术交流，对网络、数据库、石油开放系统及数据模型设计进行深入研讨。此举对石油信息化建设起到了重要作用。图3-9为与会人员合影。

1994年是石油信息工作取得重要成就的一年，信息工作开始起步并健康发展，局面已经打开。这一年，各方面工作都取得了明显进展。在机关信息系统的建设方面，完成了机房建设与主计算机的安装运行，在大楼施工复杂的环境下，克服困难，按期保质完成机房建设与计算机系统的安装，做到计算机系统24小时连续不间断运行；完成了机关大楼局域网的设计、安装及运行，为确保质量、锻炼队伍，从设计、施工到投入运行的全过程由中国石油天然气总公司信息中心主持进行，整个大楼采用结构化布线，

▲ 图3-9 1994年9月，北京，石油勘探开发数据库总体设计组与美国华人石油协会专家在技术交流后合影（前排左一冯冰梅、左二项海丽、左三陈建新、左五蒋其垲）

为总部领导、办公厅、计划、勘探开发、钻井、财务等有关部门的计算机连上了网络，为信息共享和计算机的应用上水平打下了基础；完成了"部长查询系统"软件的开发，遵照王涛总经理的要求，由中国石油天然气总公司信息中心组织技术人员不分昼夜地进行软件开发，完成了程序设计和编制工作，开发了20个软件包，2万行源程序，建立102个数据库，50个查询视图，满足了业务需要，在油田推广使用；扩大了信息源的收集、加工和发布，信息中心与新华社、市场电讯社、国家信息中心等11个部委实现联网，每天从外部获取约120万字20类的信息，整理后通过与油田信息中心的网络传递给各油田使用，还将精选的1.5万字信息输入"部长查询系统"，提供领导及各司局查询，产生了良好的经济效益与社会效益；第三期日元贷款（石油经济信息系统PEIS）全面启动，建立了工程领导小组和项目设计组，集中人力，发挥骨干作用，组织有关司局同志按国家信息中心的要求，出色完成了PEIS项目六个子系统"石油经济信息系统基本设计书"的设计，共分7册约139万字，得到国家信息中心表彰。

勘探开发数据库重点科研项目攻关方面，各油田和高等院校约有200人直接投入到"石油勘探开发数据库的建库与应用研究"的7个二级课题36个三级课题研究攻关中，中国石油天然气总公司信息中心配合科技局组织专人加强对课题的管理，并组织技术力量到油田对三级课题进行了检查和鉴定验收。该项成果为推动数据库的应用上水平、增效益，对计算机的应用产生了重要影响。

组织各油田完成了石油数据库广域网建设可行性方案的编制。中国石油天然气总公司信息中心与通信公司、规划设计总院共同成立了"石油数据广域网"工程项目组，经过8个多月的调研、询价、咨询和论证活动，完成了可行性方案设计，于1995年建成从总部至油田一级的数据广域网。

1995年5月，中国石油天然气总公司信息中心组织编写了《石油综合信息系统建设指导书》（图3-10），为各专业司局、各油田信息系统建设提供了一系列规范性、可操作的技术文件，有利于贯彻"三统一"的建设方针，促进各分系统的协调统一和信息共享。同时，在信息中心的推动下，

▲ 图 3-10 《石油综合信息系统建设指导书》

有效促进了各油田信息中心的建设，20多个油田（局）单位建立健全了各油田信息中心。

1995年1月10—12日中国石油天然气总公司信息中心在北京组织召开了石油信息工作会议。中国石油天然气总公司咨询中心、信息研究所、通信公司、规划设计总院、北京石油管理干部学院及油田单位的信息主管领导和核心骨干共52人参加了会议。陈建新做了《抓住机遇，扎实苦干，迎接石油综合信息系统建设的新时期》的主题报告，会议交流了各单位信息工作情况和经验，分组讨论了《石油综合信息系统建设指导书（讨论稿）》《信息工作"九五"规划设想要点》，提出了1995年度信息工作的主要任务。这次会议是1993年11月石油信息工作会议以来，又一次石油信息工作的重要会议。1月18日，下发了（95）中油信息字第23号文件《关于加快石油综合信息系统建设及加强管理有关问题的通知》。这是继1994年下发的（94）中油办字第136号文件之后，又一个石油信息工作重要的指导性文件。

◎ 喜看收获　遍地英雄下夕烟

历经多年艰辛，终获丰硕成果。经过六年的共同努力，勘探开发数据库在各油田全面开花结果，获得了可喜的成就。从1996年开始，中国石油天然气总公司信息中心配合科技局组织对各专业信息系统进行鉴定验收。如1996年1月25—27日，配合科技局组织了"石油勘探开发数据库的建库和应用研究"三级子课题验收会议（图3-11、图3-12）。验收领导小组包括组长蒋其垲、副组长陈建新，以及吕鸣岗等7名成员，专家组由吕鸣

▲ 图 3-11 1996 年 1 月，在大庆石油管理局召开"石油勘探开发数据库的建库和应用研究"三级子课题验收会部分与会人员合影

▲ 图 3-12 1996 年 3 月 在大庆石油管理局召开"石油勘探开发数据库的建库和应用研究"三级子课题验收会部分成员合影

岗等 18 名专家组成。

1996 年 3 月 18—24 日，塔里木石油勘探开发指挥部在新疆库尔勒召开了塔指综合信息系统总体设计评审会，评审了石油勘探开发科学研究院和中国科学院新疆物理研究所做的塔指综合信息系统总体设计，同时还审查了计算机广域网方案和"塔指油气开发信息系统建设实施建议"。

1996 年 5 月，中国石油天然气总公司信息中心顺利完成第三期日元贷款计算机引进及安装工作。利用第三期日元贷款建设国家经济信息系统石油分系统项目。

1996 年 5 月 15 日，由科技局组织，对中国石油天然气总公司劳动工资局委托辽河油田开发的"石油企业劳动管理信息系统"项目进行了鉴定（图 3-13）。该系统采用客户/服务器体系结构。服务器端采用 UNIX 操作系统、ORACLE7 数据库，客户端采用 WINDOWS 界面、网络传输协议采用 TCP/IP 协议，整个系统既可工作在局域网，也可工作在广域网上。系统按照石油综合信息系统的一个分系统设计开发，以劳动管理信息库为基础，形成一个比较完善的劳动管理体系。系统以辽河油田信息系统为主体，各

▲ 图 3-13　1996 年 5 月 15 日，辽河油田"石油企业劳动管理信息系统"技术鉴定会全体参会人员合影（二排右二陈建新、右三傅诚德、右五裴德海）

厂（公司）信息管理为基础，各基层大队（车间）为信息源形成一个广域分布的数据库体系，在广域网上实现辽河油田劳动管理数据的共享。

1996年5月，由中国石油天然气总公司信息中心开发的"石油全文信息检索系统——PTRS"在机关开始试运行。"石油全文信息检索系统"是一种全范围的信息资料检索系统，其特点是采用客户机/服务器体系结构图文检索一体化，支持多媒体数据的存储和检索，可以检索信息库中所存文本中任何有检索意义的词或词组，能够通过互联网（Internet）访问石油全文信息库，具有电子邮件的功能。随之在14个厅局的31个用户安装使用。机关各厅局用户对于在石油全文信息检索服务器上建立自己的专业综合信息源有浓厚的兴趣，中国石油天然气总公司咨询中心已开始建立"咨询中心文件集"和"最新勘探成果"两个信息库。为了方便用户的使用，中国石油天然气总公司信息中心组织人员编写了《石油全文信息检索用户使用手册》，并制订了相应管理规定，使整个系统的运行逐步走向程序化、规范化，更好地将该系统推广应用，中国石油天然气总公司信息中心积极进行分级培训，逐步增加用户。8月开始为各油田提供石油全文信息服务，同时协助用户在石油全文检索服务器上建立自己的信息库。

1996年6月26日，中国软件行业协会石油软件分会受中国石油天然气总公司信息中心委托，在北京召开了对《吐哈油田石油综合数据库系统实施方案》的专家评审会。专家认为吐哈油田依据《石油综合信息系统建设指导书》，从油田建立综合数据库的需求出发，编制的《吐哈油田石油综合数据库系统实施方案》对建立综合数据库的目标明确，总体框架符合总体要求，计算机网络方案合理可行，可作为实施的依据。

1996年7月15日，中国石油天然气总公司信息中心组织对滇黔桂石油勘探局开发数据库系统进行了专家评审（图3-14）。专家组认为："该系统遵循信息系统建设三统一"的要求，针对滇黔桂石油勘探局复杂的地理环境，运用了计算机、网络和分布式数据库等先进实用的技术，为油气田生产服务，提高了企业现代化管理水平，在整体上处于国内先进水平。系统包含了油气藏管理、采油工程管理，具有统计分析功能，适用于油气田生产管

▲ 图3-14　1996年7月，在云南昆明召开的滇黔桂石油勘探局开发信息系统专家评审会与会人员合影（前排左二迟殿双、左三王一公、左四陈建新、左五吴令英、右三陈通照、右四齐世梅）

理，在系统建设中项目组深入实际，做了大量细致的工作，整理录入了大批数据，使得滇黔桂开发数据库为各级领导决策管理提供了必要的信息。

1996年7月26日，科技局组织了对"石油计划统计管理信息系统建设与研究"的项目验收。作为综合信息系统的重要经济子系统，以提高石油计划统计现代化水平为目标，促进部门间数据共享、信息自动传递，提高部分日常办公事务的计算机处理能力，在石油计划统计的信息、咨询、监督和宏观调控中发挥作用。随着石油计算机网络的不断扩大，各种专业数据库相继建成，自上而下的各类管理信息系统日渐完善，建设以支持企业高层领导决策、支持各管理层信息共享为主要目的的石油综合数据库系统的基本条件已经具备。

◎ 继往开来　石油综合数据库系统启动

1996年10月4日，中国石油天然气总公司信息中心主任陈建新主持召开"石油综合数据库系统"建设协调会，通过了"石油综合数据库"的总体框架，确定总部级综合数据库建设的需求分析工作由石油大学（华东）在1996年底完成；油田级综合数据库建设已委托大庆石油管理局先行研究。1997年系统建设的基本任务是完成设计、制订信息采集规范、开发数据采集和信息查询工具。

1996年10月8日，为了进一步加快大庆油田信息系统的建设，推动万维网技术在油田的发展，更好地为油田"二次创业"服务，大庆油田信息中心组织各二级单位对建成的主页进行评比，邀请有关专家担任评委。正是这次交流评比对进一步推动大庆油田内联网（Intranet）建设起到了积极的作用。周景璞主任表示，将在近期建起内联网，各单位可通过局信息中心的代理服务器访问国际互联网。

1996年12月，胜利石油综合信息网（SInet）经过规划论证和两年多建设，骨干工程投入试运行。12月18日在胜利油田举行了开通剪彩仪式。胜利石油管理局副局长何富荣，总地质师潘元林，副总经济师董丕久、裘国泰等有关同志共300多人参加了剪彩仪式。陈建新、中国科学院网络中心主任钱华林、石油大学（华东）副校长仝兆歧等到会祝贺，并参观了油田信息网络先期应用成果展。胜利石油综合信息网是一个上联中国石油天然气总公司、下接油田各二级单位的计算机广域网工程。采用国际上成熟的FDDI技术作为网络的骨干，在广域网上配备了网络管理平台，在胜利油田信息中心即可对油田的整个骨干网络进行图形化的监视、配置和日常管理工作。胜利石油综合信息网根据生产和管理的需要，建成了勘探开发数据库系统、物资供应系统、生产过程指挥系统、信息查询系统、领导办公系统、会议通知系统和电子邮件系统，推动和促进了油田内部单位的局域网建设，实现与中国石油天然气总公司网络和国际互连网的联接，形成一个联接油田内外的纵横交错的信息网络。

随着勘探开发数据库建设的推进，办公自动化的应用与开发也蒸蒸日上。1996年8月1日，中国石油天然气总公司办公厅组织召开了办公自动化系统项目阶段性总结会议。办公厅主要领导、各处（室）的领导、项目涉及的主要业务人员、信息中心 OA 小组成员参加了会议。会议由办公厅主持，项目组组长王一公教授向会议作了 OA 项目阶段性总结报告，介绍了 OA 项目总体设计的目标、指导思想和系统结构，系统分成公文管理、档案管理、领导办公、秘书工作、人员管理等十个专用子系统，电子邮件、综合查询等四个公用子系统。系统采用客户/服务器运行模式、选用第四代开发工具，用户界面友好、简捷、易用，系统投入运行后，从整体上提高了办公效率，显示出办公自动化的优越性。办公厅李克成主任表示，OA 项目组的同志们做了扎实细致的工作，使办公厅的办公自动化有了实质性进展。

1998 年 5 月 12—14 日，为了加强石油信息资源的建设，提高信息服务质量，在沈阳东北输油局召开了石油综合信息服务暨资源建设研讨会（图 3-15）。来自中国石油天然气总公司有关司局及油田信息中心 28 个单

▼ 图 3-15　1998 年 5 月 13 日，在沈阳东北输油局召开的石油综合信息服务暨资源建设研讨会与会人员合影（前排左三王国强、左四迟殿双、左五蒋其垲、右五陈建新、右三许国复）

位的50多名同志对集团公司建设的不同层次和规模的498个信息服务网站进行了梳理，并就石油信息网信息服务及发展进行了深入研讨。会议还邀请蒋其垲同志做了题为《关于知识经济时代石油信息工作的若干思考》的报告。通过此次会议，对进一步完善石油综合信息服务系统、提升信息服务质量起到了重要作用。随后，科技局于1998年6月9日组织了中国石油信息网综合信息服务系统的鉴定验收，专家认为"该系统从现代企业管理的需要出发，采用网络集成、软件集成、信息集成等手段，较快地实现了中国石油信息网综合信息服务系统的建设目标"。其综合应用达到国内领先水平，在国内大型企业信息服务系统的建设中有推广应用和借鉴价值。

◎ 标准先行　为信息化保驾护航

在勘探开发数据库建设工作过程中，第一次提出了"标准先行"的理念。基于这个理念，在整个勘探开发数据库建设期间，石油信息标准化工作也取得了飞跃性的发展，并且与勘探开发数据库建设相辅相成，互相促进，形成了双丰收。

标准化是现代化生产的必要依据和支撑，是将科学技术与科学管理转化为生产效率和效益的重要平台和手段，在市场经济和产业发展中具有基础性与战略性地位。业界流行的"一流企业定标准、二流企业做品牌、三流企业卖技术、四流企业做产品"一句话道出了标准的重要性。

简单回顾中国石油信息标准化之路，大致经历了四个阶段。

一是从石油工业开始应用计算机，到1987年石油信息与计算机应用专业委员会成立，是我国石油信息标准化建设的准备阶段。经过蒋其垲、韩大匡、王子江、王宏琳、王一公、王继贤等一大批石油信息标准化专家的努力，于1987年成立信标委，标志着石油信息标准化进入建设的准备阶段。从此石油信息标准化正式纳入石油工业标准化的总体体系之中，为日后石油信息标准化工作的全面展开和发展奠定了基础。

二是从信标委成立到 1990 年勘探开发数据库总体设计工作开始的三年时间（即第一届信标委），是石油信息标准化工作初期建设阶段。这个阶段制订了《石油及天然气探井数据项信息代码》等一系列标准。

三是 1990—1994 年，即第二届信标委期间，是石油信息标准化工作快速发展阶段。信息标准化意识已经深入人心，信息标准化围绕着勘探开发数据库建设全面展开，尤其是《石油工业信息分类编码导则》（简称《导则》）的制定，为石油信息标准奠定了基础。《导则》作为数据库总体设计组工作的一项重要内容，对其他专业数据编码的标准编制进行了指导和规范。《导则》于 1993 年正式发布，作为行业标准，在石油工业全面推行，成为制定石油信息标准的重要依据，促使一大批石油信息分类编码标准、数据文件格式标准相继完成。图 3-16 为第二届信标委委员合影。

▲ 图 3-16　1990 年 9 月 10 日，在甘肃兰州石油地质所召开的信标委换届会议和第二届委员会一次会议与会委员合影（前排左一张炯、左三郭军、左四吕志良、左五黄志潜、右五陈建新、右四金子俊、右三马玉书、右二周尚荣、右一黄小木，二排右二王秀明，三排右一王汉良）

四是从 1994 年，即第三届信标委开始，石油信息标准化工作步入稳步建设阶段。 该阶段形成了相对稳定的石油信息标准化工作队伍，建立了初步完善的石油信息标准制定、修订、审定、发布、宣贯的石油信息标准化体系。

信标委的工作留下了陈建新、王汉良、王子江等主任，王一公、王继贤、王秀明、杨贤梅、许惠中、郭军、邓明秀等委员，以及王凤玲等同志的身影。特别是陈建新，自第二届信标委起一直担任主任。十多年来，他主持了信标委大部分石油信息标准化工作，贡献斐然。蒋其垲在职期间曾卓有成效地领导过标准化工作，离职后仍持续关注。

第三阶段的信息标准化工作，大都是依托勘探开发数据库建设工作开展的。"勘探开发数据库建设必须标准先行"是勘探开发数据库设计的重要成功经验。1989 年 10 月召开的"石油勘探开发数据库总体设计大会"上，蒋其垲明确提出，勘探开发数据库建设的中心工作是总体设计，而且必须标准先行。在数据库设计过程中，始终把标准化工作放到了重要位置。蒋其垲考虑到勘探生产数据库与标准化的紧密相关性，在 1990 年信标委换届时推荐陈建新担任了信标委主任。这是一个相当重要的举措，避免了勘探生产数据库建设工作与标准化工作"两张皮"，使得标准化与信息化相互推进，同向而行，在数据库总体方案设计和相关标准制订两方面都获得了丰硕成果。勘探开发数据库建设提出了制定相关标准的实际需求，这些标准的制定成就了 20 世纪 90 年代初石油信息标准化工作的阶段性主题。围绕着勘探开发数据库的建设，信标委针对石油勘探开发数据的标准体系和信息化两个方面在数据库的结构体系和信息的标准体系进行了一系列的艰辛探索，开展了大量相关标准的制订和执行工作，所制订标准主要集中在勘探开发通用信息代码、数据库的文件格式和数据库设计等方面，共制定了《石油工业综合数据库设计规范》《石油勘探数据库文件格式》等 26 个标准规范。"标准先行"也成为日后石油信息化建设的一项重要准则，使石油信息化建设少走了许多弯路。图 3-17、图 3-18 为信标委委员合影。

▲ 图 3-17　1997 年 9 月 25 日，在西安石油学院召开的信标委换届工作会议和第四届委员会一次会议与会委员合影（前排左起：石广仁、王汉良、钱钰、陈建新、王一公、尤凯、虞献正、许惠中、张世英、许国复）

▲ 图 3-18　2000 年 9 月 23 日，在海南召开的信标委 2000 年标准审查会暨年会全体委员合影（二排左三虞献正、左四王一公、左五陈建新、左七王汉良、左八许惠中、左十杨贤梅、左十一张凤玲，三排左二赵亚天）

◎ 百年芬芳　总结十年锤炼

勘探开发数据库的建设，代表着石油信息化发展已经从简单计算机应用提高到把信息作为重要资源来组织和利用的高度。在勘探开发数据库建设期间，逐步完成了数据库、网络、基础设施、办公自动化等层面的工作，实现了从数据库建设向信息化建设的跨越，取得了辉煌的成就。1997年12月11日，《每周电脑报》杂志对美国微软公司总裁比尔·盖茨到访北京特意安排

▲ 图3-19　1997年12月11日，在北京凯宾斯基饭店，陈建新与比尔·盖茨技术交流并合影

了与中国石油天然气总公司信息中心相关人员的会面交流（图3-19）。盖茨对中国石油天然气总公司信息化建设采用UNIX平台，给予了充分的肯定和赞赏。

技术层面，勘探开发数据库建设为今天的信息化建设和互联网应用，打下了坚实基础。即使从今天来看，勘探开发数据库总体设计方案确定的网络协议采用TCP/IP、操作系统采用UNIX、数据库采用ORACLE，都是科学的、先进的。勘探开发数据库建设形成了勘探、开发、钻井专业数据

库设计规范和逻辑结构，制定完善了《石油工业信息分类编码导则》等重要的石油工业标准，推动石油工业标准化工作迈向新的台阶。这都是数据库建设取得的宝贵成果，其中的部分成果沿用至今。

管理与方法层面，勘探开发数据库借鉴国际先进做法，吸取各油田建设过程中的经验与教训，坚持正确的工作方法和管理方法，为后续大型集团化项目建设提供了宝贵经验。

例如，勘探开发数据库建设坚持标准先行，对标准化工作形成了正确认识，在数据库设计过程中，始终把标准化工作放到了重要位置，最后取得了数据库总体方案设计和相关标准制订的双成果。这项经验也成为日后石油信息化建设的一项重要准则，使石油信息化建设少走了许多弯路。

勘探开发数据库建设始终遵循了"统一规划、统一实施、统一规范"原则。这一原则后续逐步发展为"统一规划、统一标准、统一设计、统一投资、统一建设、统一管理"的六统一原则，指导了中国石油天然气总公司信息化多年的建设。勘探开发数据库采取了"总体设计、分步实施、边建设边应用"的策略，为后续大型信息化项目建设提供了借鉴。勘探开发数据工作从20世纪80年代初开始探索，1989年开始成立数据库总体设计组，分散调研，集中研讨，统一方案设计，统一组织实施，解决了当时的主要问题，系统建设成功了，数据横向共享了，总部和油田都逐渐用起来了，国内外专家评审认为勘探开发数据库建设有理论依托、有水平，是可喜的成就。

勘探开发数据库建设，也说明了领导重视是信息化成功的关键。勘探开发数据库总体设计工作是在各级领导的高度重视下开展起来的。在设计之初，计划从勘探开发入手，待取得初步经验之后，再在全石油系统各个专业铺开。当时钻井局领导和负责计算机应用工作的周尚荣等了解到这个信息之后，坚持把钻井数据库设计纳入勘探开发数据库总体设计工作之中。在后续设计工作中，钻井局的领导重视、明确机构、固定人员，两年召开一次计算机应用工作交流会，一年组织一次新技术、新方法、新经验的交流学习，确保了钻井数据库建设质量走在整个石油系统的前列。

勘探开发数据库建设高度重视交流与培训，建设项目的同时，也培养了一批人才，造就了一支信息化工作队伍。 总体设计期间，通过数据库会战，培养了一批数据库技术与管理人才，成为洒向各油田的一颗颗种子，在各油田开花结果，推动各油田建库工作；建设了 ORACLE 联合大学，培训了上千人的队伍，这些人通过参与建设工作，逐步成为总部和各油田信息中心的技术骨干，成为中国石油天然气总公司信息化工作的中坚力量，很多人至今仍在信息化工作岗位上，已经成为企业的中流砥柱。

最关键的是精神层面的成就。大庆精神，一直是石油战线学习的楷模，是推动石油工业发展的强大精神力量。 建设数据库需要物质基础，需要技术，更重要的是需要精神力量。参与数据库建设的同志，从数据库总体设计组到各油田的队伍，他们凭借艰苦奋斗的精神，凭借奉献的精神，不计报酬，不图奖励，为勘探开发数据库的建成做出了卓越贡献，完美地践行了大庆精神。总体设计的时候，为了防止大家加班时间太长，采取了定时清场、锁门的策略。同志们夜里翻墙进去加班，撵都撵不回去，有些人甚至影响到了身体健康，饮食很少，但一提到工作就精神亢奋。这些充满了斗志的石油人，是勘探开发数据库建设持续推进取得成功的最重要保障。

勘探开发数据库建设是石油工业一次从未有过的大举措，是专业性强、涉及面广的大作战。它持续时间长、人员规模大、涉及业务面广、困难程度极高，是石油工业史上的一次战役，是发扬大庆精神和工作作风的会战。参与这次会战的，是一群可敬的石油人。**他们团结**，团结一切可团结的力量，协同工作，为共同的目标而奋斗；**他们奉献**，奉献成果，牺牲小利，不计时间，不计报酬；**他们坚持**，无视建库的艰巨性、长期性，敢于克服一切困难；**他们开拓**，不断学习，采用新观念、新技术，开拓创新，把建库工作当作一项革命性的工作来做，为石油工业信息化的建设与发展奠定了基础，迈出了历史性的步伐。

勘探开发数据库历经十年锤炼，反复论证，反复试验，其成果最终得到了国内专家认可，得到了中国石油天然气总公司领导的认可，得到了各油田的认可。这些认可，就是无可比拟的成就，是对长期工作的信息队伍的最大褒奖，也是无字的丰碑！